# 西沙群岛岛礁植物病害原色图谱

## 永兴岛卷

胡美姣 李 敏 高兆银 弓德强 等 著

中国农业出版社

北 京

# 《西沙群岛岛礁植物病害原色图谱·永兴岛卷》
## 项 目 资 助

1. 海南省重点研发专项"宣德群岛危险性病害绿色综合防控技术研究（ZDYF2020086）"
2. 农业农村部财政专项"物种品种资源保护（南锋专项Ⅱ期，NFZX-2018）""耕地和渔业水域资源调查与保护（南锋专项Ⅲ期，NFZX-2021）"
3. 中国热带农业科学院基本科研业务费专项项目"岛礁生态修复省部共建重点实验室培养（1630042021008）"

# 《西沙群岛岛礁植物病害原色图谱·永兴岛卷》
# 著 者 名 单

主　　著　胡美姣　李　敏　高兆银　弓德强

副 主 著　戴好富　张令宏　王　义　赵　超　陈　青

著　　者　洪小雨　谢贵水　许宇山　张绍刚　梁　晓

　　　　　伍春玲　武春媛　冼健安　杨　叶　李　叶

　　　　　阎　伟　王祝年　王清隆　段瑞军　黄圣卓

参著单位　中国热带农业科学院环境与植物保护研究所

　　　　　中国热带农业科学院橡胶研究所

　　　　　中国热带农业科学院热带生物技术研究所

　　　　　国家海洋局三沙海洋环境监测中心站

　　　　　海南大学

　　　　　中国热带农业科学院椰子研究所

　　　　　中国热带农业科学院热带作物品种资源研究所

　　　　　农业农村部热带作物有害生物综合治理重点实验室

　　　　　海南省热带农业有害生物监测与控制重点实验室

　　　　　海南省热带作物病虫害生物防治工程技术研究中心

# Foreword 前 言

　　永兴岛，又名林岛，因岛上林木深密得名，为南海西沙群岛中面积最大的天然岛屿，目前面积为 3.16 km²，是海南省三沙市政府所在地，西沙群岛、南沙群岛和中沙群岛三个群岛的经济、文化和政治中心。

　　永兴岛是一座由白色珊瑚、贝壳沙堆积在礁平台上形成的珊瑚岛，四周为沙堤所包围，土壤贫瘠，生产力差。地处北回归线以南，属于典型的热带海洋季风气候，年降水量 1 509.8 mm，年平均气温 26.5℃，雨量充沛，终年高温、高湿、高盐、紫外线强烈。

　　永兴岛植被丰富，不仅分布着草海桐、海岸桐、抗风桐、银毛树、海滨木巴戟、橙花破布木、红厚壳、厚藤、海刀豆、海马齿等野生植物，还随着三沙市"绿化宝岛"大行动的实施和现代化蔬菜基地的建设，引种栽培了椰子、三角梅、龙船花等大量园艺园林植物和辣椒、番茄等各种蔬菜。

　　永兴岛等南海岛礁植物资源调查一直备受学者关注，从1947年张宏达先生最早开展了永兴岛等西沙群岛4个岛礁的植物资源调查；邢福武等学者从20世纪90年代对西沙群岛和南沙群岛进行了植物资源调查，并于2019年出版了《中国南海诸岛植物志》，该书收录南海诸岛的维管束植物共计有93科、305属、452种（包括种下分类单位）；从2018年开始，王祝年等专家对南海岛礁植物进行了进一步科学考察，补充了南海各岛礁的植物种类与分布，增加了173种新记录植物（包括栽培植物95种），并编撰了《南海岛礁野生植物图集》，其中永兴岛的植物达到489种。

　　在南海岛礁植物病虫害调查方面，2010年彭正强研究员等开展了永兴岛植物病虫害调查，发现椰心叶甲危害严重；2016年吴孔明院士在永兴岛建设了昆虫迁飞观测站，研究分析了南方昆虫迁飞的特点；2017年国家林业和草原局组织中国科学院动物研究所、中国热带农业科学院等单位专家开展了三沙市林业有害生物调查，查明三沙市主要有椰心叶甲、透翅天蛾和云斑斜线天蛾等林业害虫，且呈现加重危害态势，并对永兴岛等海岛生态环境造成了严重威胁。在岛礁植物病虫害防治方面，近些年来，三沙市政府每年组织专业队伍进行植物病虫害防治，并在西沙群岛各岛礁安装太阳能杀虫灯，保护岛礁树木免受病虫害危害。

然而，南海岛礁植物病害种类鲜有报道，自2018年来，笔者所在研究团队对西沙群岛岛礁植物病害进行了多次调查，采集了大量植物病害标本，并对其病原菌进行分离鉴定，撰写了《西沙群岛岛礁植物病害原色图谱 永兴岛卷》。本书包括岛礁植物病害原色图谱和岛礁植物病害名录两部分，原色图谱重点介绍岛礁原生植物、岛礁园艺植物、岛礁棕榈植物和岛礁果蔬4类共69种病害症状与病原菌，并配以典型图片，岛礁病害名录部分共收录了120种植物病害及其病原菌种类，以供读者参考。

著　者

2021 年 8 月

Contents | 目 录 |

# Chapter 1

# 第一章　原生植物病害

## 第一节　草海桐病害

草海桐（*Scaevola taccada*）属草海桐科（Goodeniceae）草海桐属（*Scaevola*）多年生常绿亚灌木植物，偶为小乔木，是典型的热带滨海植物。别名羊角树、水草仔、细叶水草。主要分布在我国海南、台湾、福建、广东和广西等南部沿海地区。

【病害简史】

草海桐属植物的病害报道可追溯至1928年。在澳大利亚珀斯发现 *Puccinia dampierae* 引起草海桐（*S. paludosa*）叶锈病，1959年在澳大利亚穆拉发现 *Uromyces* sp. 引起草海桐（*Scaevola* sp.）叶锈病；1981年，在美国关岛发现 *Capnodium* sp. 引起草海桐叶斑病，1985年发现 *Mycosphaerella* sp. 危害草海桐（*S. taccada*）引起叶斑病，2007年在美国关岛和澳大利亚达尔文市进一步鉴定 *Mycosphaerella scaevolae* 危害草海桐引起叶斑病；1999年，新喀里多尼亚（大洋洲法国属地）发现 *Pseudocercospora scaevolae* 和 *Cercospora scaevolae* 引起草海桐叶斑病。1981年，美国佛罗里达发现黄瓜花叶病毒（Cucumber mosaic virus，CMV）引起草海桐叶褪绿环状病斑，2014年美国夏威夷也报道该病害危害。2010年澳大利亚报道 *Zasmidium scaevolicola* 危害草海桐引起叶斑病。自2018年以来，笔者在三沙市永兴岛进行病害调查时发现草海桐病害较为普遍。主要病害介绍如下。

### 一、草海桐黄斑病

【症状】主要危害叶部，初期出现点状黄色斑点，后期病部扩大，中间褐色；病斑直径一般不超过1 cm。从发病部位看，植株下部叶片比上部叶片危害重（图1-1）。

【病原菌】引起该病的病原菌为球腔菌（*Mycosphaerella* sp.）（图1-2）。

该菌在PDA培养基上生长缓慢，培养100 d，平均直径6.0 cm。菌落坚硬，初期黑褐色，边缘白色、不整齐，后期菌落表面有白色菌膜覆盖，底部中央黑色、皱缩，边缘黄褐色。产生有性世代子囊壳及子囊孢子，子囊壳卵形至近球形，黑色；子囊不规则形，内含8个子囊孢子，圆柱形至倒卵形，稍弯曲；子囊孢子2～3个螺旋状排列，透明无色，直或稍弯曲，纺锤形或椭圆体形，中间有1隔膜，隔膜处微缢缩，两端逐渐变窄，子囊孢子大小为（14.0～17.8）μm×（3.3～4.8）μm，未镜检出病原菌的无性态。

图1-1　草海桐黄斑病症状
A～C：整株症状；D～F：叶片症状

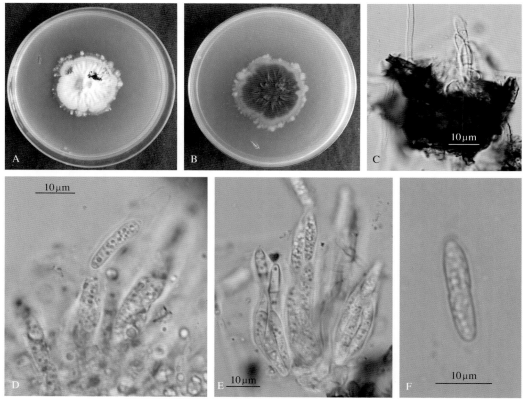

图1-2　球腔菌（*Mycosphaerella* sp.）特征
A：菌落正面；B：菌落背面；C～E：孢子囊及子囊孢子；F：子囊孢子

## 二、草海桐假尾孢叶斑病

【症状】叶部受害，病菌自叶背部气孔侵入，初期出现不明显的浅黄色水渍状斑点，随后病部扩大，圆形或近圆形，有时中部褐色。湿度大时叶背部黑褐色霉层明显（图1-3）。

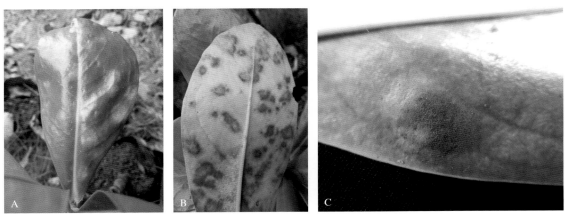

图1-3　草海桐假尾孢叶斑病症状
A：叶片正面症状；B：叶片背面症状；C：叶片背面局部症状

【病原菌】引起该病的病原菌为假尾孢菌（*Pseudocercospora coprosmae*）（图1-4，图1-5）。

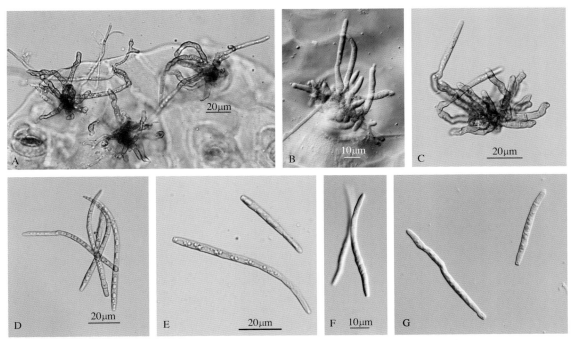

图1-4　假尾孢菌（*P. coprosmae*）特征
A~C：感病叶片气孔上长出的分生孢子梗和分生孢子；D~G：分生孢子

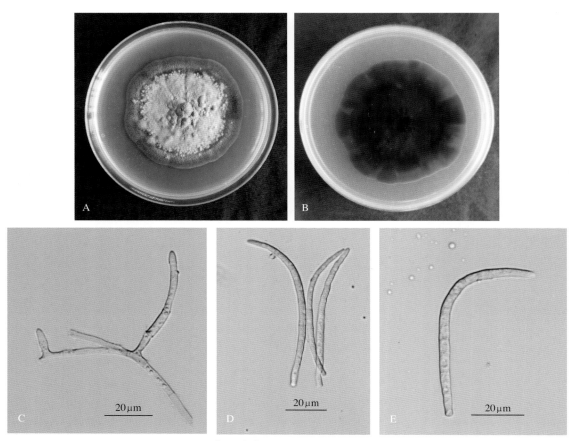

图1-5　假尾孢菌（*P. coprosmae*）培养特征

A：菌落正面；B：菌落背面；C：菌丝体上产生分生孢子；D～E：分生孢子

　　该菌可在病叶镜检获得，病菌自叶背部气孔处侵入，子座小或无，分生孢子梗4～32根簇生，松散，基部深褐色，顶部浅褐色，1～3个隔，无分枝，宽度不匀，直立或弯曲，大小（13.12～54.36）μm×（2.97～4.40）μm；产孢痕加厚、明显；分生孢子倒棒形至线形，浅褐色，有3～10个隔膜，直立或弯曲，顶部钝圆、基部平截，大小为（31.96～87.75）μm×（2.69～4.37）μm。

　　该菌在PDA培养基上生长缓慢，菌落灰绿色，菌丝体直接产孢。分生孢子大小为（41.34～72.02）μm×（2.57～4.02）μm。

### 三、草海桐壳梭孢枝枯病

【症状】危害枝条和叶片，引起枝条枯死和叶片褐色病斑（图1-6）。

枝条感病，上部枝条灰白色或浅灰褐色干枯，叶片脱落，枝条枯死逐渐向枝条主干扩散，严重时整株枯死。

叶片感病，发病初期出现黄褐色水渍状病斑，病健交界处多见黄色晕圈，病部黄褐色或褐色坏死斑，上面着生黑色小点。

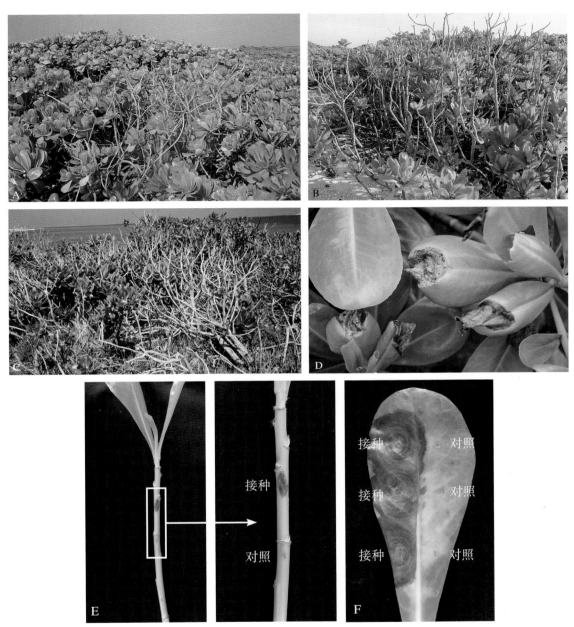

图1-6 草海桐壳梭孢枝枯病症状

A~C：枝枯症状；D：叶斑症状；E：枝条接种症状；F：叶片接种症状

【病原菌】引起该病的病原菌为小新壳梭孢（*Neofusicoccum parvum*）（图1-7）。

该菌在PDA培养基上生长迅速，气生菌丝发达，初期基质菌丝和气生菌丝均为白色或灰白色，5～6 d菌落中央变为灰褐色至灰黑色，长满整个9 cm的培养皿。20 d后产生黑色子实体（即分生孢子器），分生孢子器呈圆球形或梨形，直径为245.6～418.2 μm，将产生的黑色子实体进行石蜡切片，显微镜下可观察到内部的分生孢子。成熟的分生孢子为单细胞，无隔，半透明，近椭圆形至纺锤形，大小为（12.5～21.5）μm×（4.6～7.0）μm（*n*=100）。

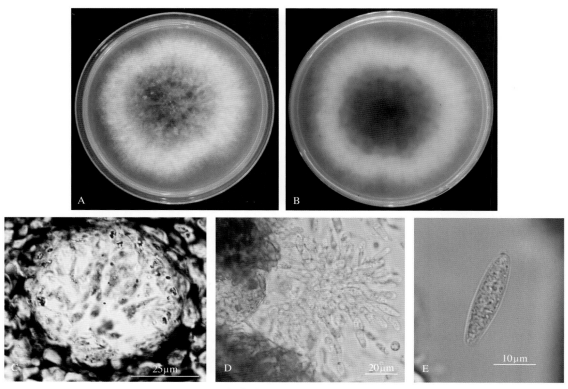

图1-7　小新壳梭孢（*N. parvum*）培养特征
A：菌落正面；B：菌落背面；C、D：分生孢子器和分生孢子；E：分生孢子

## 四、草海桐毛色二孢枝枯病

【症状】危害枝条和叶片，引起枝条黑褐色枯萎、叶片褐色病斑（图1-8）。

枝条感病，枝条顶端变黑褐色，并逐渐向下扩展，枝条逐渐黑褐色干枯、萎蔫，叶片脱落，严重时整个枝条黑褐色枯死。

叶片感病，形成水渍状、黑褐色病斑，多个病斑扩展联合导致叶片萎蔫枯死。

【病原菌】引起该病的病原菌为可可毛色二孢菌（*Lasiodiplodia theobromae*）（图1-9）。

该菌在PDA培养基上生长旺盛，菌落圆形，边缘整齐，菌丝绒毛状；初期白色，3～5 d后变为浅灰褐色，后渐变为灰黑色至黑色；基质初期浅黑色，后转为深黑色；黑暗条件下培养20～30 d可产生黑色分生孢子座，2～6个分生孢子器集中于分生孢子座内，分生孢子器黑褐色，有孔口，近球形，分生孢子器内产生大量分生孢子，分生孢子卵形或椭圆形，未成熟时无色单胞，内含物颗粒状，成熟的分生孢子黑褐色，有一横隔，双胞，表面具纵纹。孢子大小为（13.5～18.2）μm×（8.3～10.6）μm。

图1-8 草海桐毛色二孢枝枯病症状
A、B：枝枯症状；C、D：叶斑症状；E：枝条接种症状；F：叶片接种症状

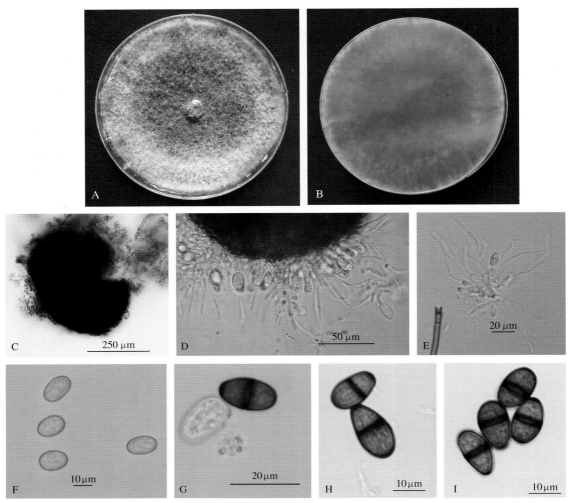

图1-9 可可毛色二孢菌（*L. theobromae*）培养特征

A：菌落正面；B：菌落背面；C~E：分生孢子器、分生孢子和附属丝；F~I：分生孢子

## 五、草海桐褐斑病

【症状】危害老熟叶片，叶边叶缘发病，形成灰白色轮纹状枯斑，并引起叶片黄化（图1-10）。

【病原菌】引起该病的病原菌有2种，分别为长柄链格孢菌（*Alternaria longipes*）和细链格孢（*Alternaria alternata*）（图1-11，图1-12）。

长柄链格孢菌（*A. longipes*）：在PDA培养基上菌落呈圆形，边缘光滑，气生菌丝致密，初期外围呈灰白色或白色，中间浅绿色或墨绿色，后期整个菌落呈褐色，分生孢子梗淡褐色，有多个分隔。分生孢子串生，呈短直链或很少单生，倒棍棒形、倒梨形或近椭圆形，形状不一致，褐色至淡褐色，有的分生孢子有长喙，孢痕明显，具3~7个横隔膜和0~2个纵隔膜，隔膜处有明显缢缩，孢身长为20.0~85.0μm，宽为5.8~14.2μm（*n*=100），部分孢子顶端延伸形成长至50.0~60.0μm的次生分生孢子梗（假喙），孢身和假喙分界较明显。

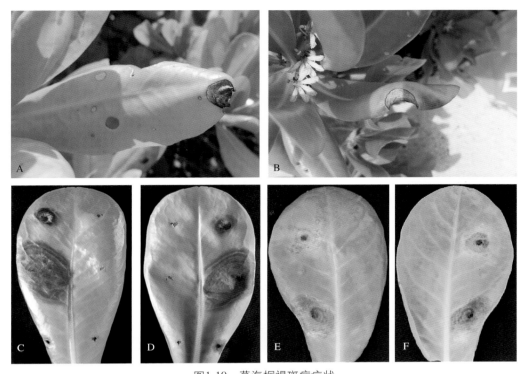

图1-10　草海桐褐斑病症状

A、B：叶斑症状；C、D：*A. longipes*接种症状（叶片正反面）；E、F：*A. alternata*接种症状（叶片正反面）

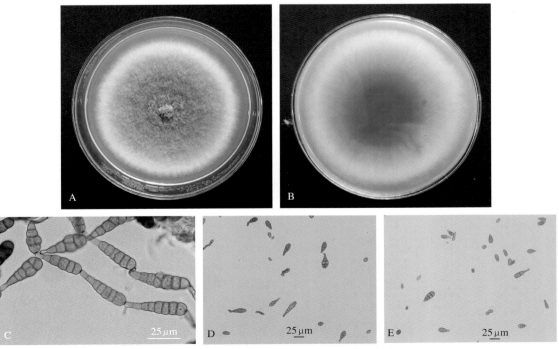

图1-11　长柄链格孢菌（*A. longipes*）培养特征

A：菌落正面；B：菌落背面；C～E：分生孢子

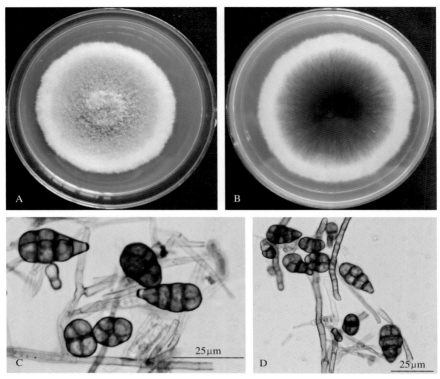

图1-12　细链格孢（*A. alternata*）培养特征
A：菌落正面；B：菌落背面；C、D：分生孢子

细链格孢（*A. alternata*）：菌落在 PDA 培养基上呈圆形，边缘光滑，气生菌丝致密，初期菌落呈灰白色，后期外围呈灰白色或白色，中间浅绿色或墨绿色，菌落背面呈褐色；分生孢子梗直立或弯曲，淡褐色，有多个分隔。分生孢子单生，卵形、梨形或椭圆形或近圆形，形状不一致，褐色至淡褐色，孢痕明显，无明显的长喙，具有纵、横隔膜，1～4个横隔膜和1～2个纵隔膜，隔膜处有明显缢缩，孢身长为 8.5～23.0 μm，宽为 5.5～14.6 μm（*n*=100），无喙或具短喙。

## 六、草海桐炭疽病

【症状】危害老熟叶片，病斑近圆形，黄褐色，病斑扩展多个病斑联合成为不规则形，周围多见黄色晕圈（图1-13）。

【病原菌】引起该病的病原菌为胶孢炭疽菌（*Colletotrichum gloeosporioides*）（图1-14）。

在PDA培养基上菌落圆形，白色，偶有橄榄色扇变区域，边缘整齐；气生菌丝稀疏，分生孢子着生在分生孢子梗顶端或菌丝末端，椭圆形或圆柱形，单胞，无色透明，内含物颗粒状，中间有一油滴，大小为（12.4～17.3）μm×（3.8～6.0）μm；分生孢子萌发时遇硬物易产生近圆形或不规则形附着孢，大小为 7.5 μm×10.1 μm。

图1-13　草海桐炭疽病症状
A：叶斑症状；B、C：接种症状

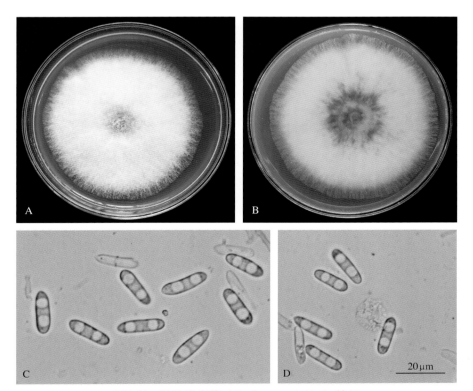

图1-14　胶孢炭疽菌（*C. gloeosporioides*）特征
A：菌落正面；B：菌落背面；C、D：分生孢子

### 七、草海桐花叶病

【症状】该病侵染整株植物，主要在叶片上显示症状，形成褪绿环形或不规则水渍状病斑（图1-15）。

【病原菌】引起该病的病原菌为黄瓜花叶病毒（Cucumber mosaic virus，CMV）。

图1-15 草海桐花叶病症状
A、B：整株症状；C：叶片症状

## 第二节 海岸桐病害

海岸桐（*Guettarda speciosa*）是茜草科（Rubiaceae）海岸桐属（*Guettarda*）常绿乔木。生于海岸沙地的灌木丛边缘。本种是滨海潮汐的树种之一，普遍生长在热带海岸，尤以马来半岛东部和西部生长茂密。未有病害记录。永兴岛调查到的海岸桐病害有拟茎点霉叶斑病、煤烟病和炭疽病。

### 一、海岸桐拟茎点霉叶斑病

【症状】该病危害叶片，常沿叶尖或叶缘扩展，初期红褐色点状病斑，近圆形或不规则形，随后多个病斑可扩展联合形成不规则形红褐色病斑。总体感病轻（图1-16）。

【病原菌】引起该病的病原菌为拟茎点霉（*Phomopsis* sp.），其有性世代为间座壳菌（*Diaporthe* sp.）（图1-17）。

该菌在PDA培养基上培养，菌落初期白色絮状，菌丝较浓密，菌落背面暗黄色，随后菌落颜色加深呈暗黄色，表面形成颗粒状小黑点即病原菌的分生孢子器。分生孢子器黑褐色，单个散生，分生孢子梗偶有分枝，β型分生孢子无色，单胞，线形，一端弯曲，未见α型分生孢子。

图1-16 海岸桐拟茎点霉叶斑病症状
A：整株症状；B～D：叶片症状

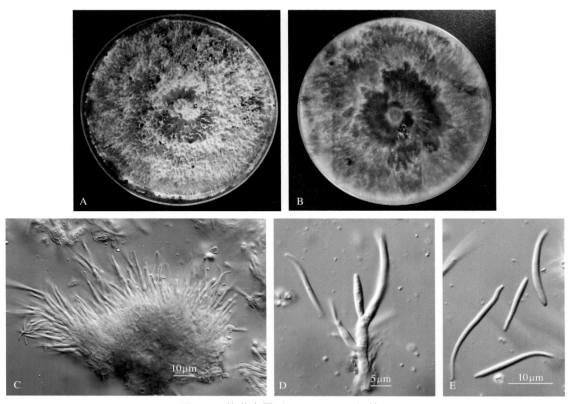

图1-17 拟茎点霉（*Phomopsis* sp.）特征
A：菌落正面；B：菌落背面；C、D：分生孢子梗和分生孢子；E：分生孢子

## 二、海岸桐煤烟病

【症状】该病主要危害枝条、叶片、花和果实，形成黑色煤烟状物，严重时布满枝条、叶面、花及果面，形成黑色霉层，导致叶片发黄脱落，花果枯死（图1-18，图1-19）。该煤层可擦除干净。蚧壳虫等危害时易产生。

图1-18 海岸桐煤烟病叶片受害症状

图1-19　海岸桐煤烟病枝梢受害症状

【病原菌】引起该病的病原菌为枝孢菌（*Cladosporium* sp.）（图1-20）。

该菌在PDA培养基上生长缓慢，菌落正面深灰色，表面菌丝浅绒毛状，有皱褶，背面深蓝黑色；菌落边缘呈白色。分枝分生孢子浅褐色，近圆柱形、圆柱形或近卵圆形，有产孢痕，顶端分生孢子链生，浅褐色，近纺锤形或近球形。

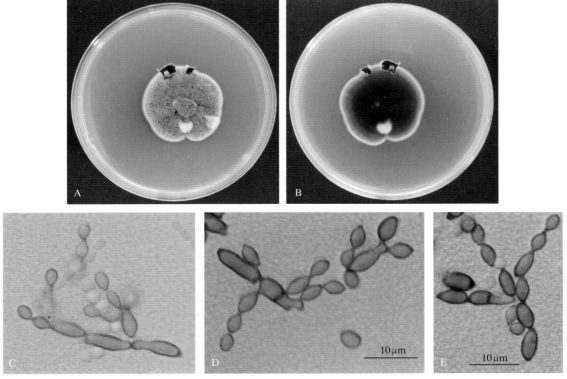

图1-20　枝孢菌（*Cladosporium* sp.）特征
A：菌落正面；B：菌落背面；C～E：分生孢子

### 三、海岸桐炭疽病

【症状】该病主要危害叶片，形成红褐色圆形或不规则状病斑，病斑可扩展联合形成大斑病（图1-21）。

【病原菌】引起该病的病原菌为炭疽菌（*Colletotrichum* sp.）（图1-22）。

在PDA培养基上菌落圆形，初期白色，边缘整齐；气生菌丝绒毛状，后期灰白色，培养基背面墨绿色，分生孢子从分生孢子盘或菌丝顶端产生，椭圆形或圆柱形，单胞，无色透明，内含物颗粒状，中间有一油滴。

图1-21　海岸桐炭疽病症状
A：叶片正面受害状；B：叶片背面受害状

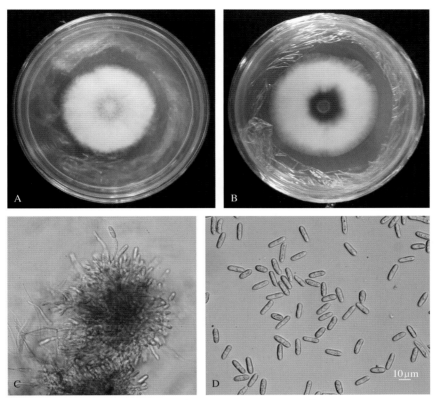

图1-22　炭疽菌（*Colletotrichum* sp.）特征
A：菌落正面；B：菌落背面；C：分生孢子梗和分生孢子；D：分生孢子

# 第三节　海滨木巴戟病害

海滨木巴戟（*Morinda citrifolia*），又名诺丽、海巴戟天、海巴戟、橘叶巴戟、橄树，为茜草科（Rubiaceae）巴戟天属（*Morinda*）灌木至小乔木，是一种珍贵的热带药用植物。原产于南亚、澳大利亚及一些太平洋岛屿，在我国分布于海南岛、西沙群岛和台湾等地。20世纪初，有报道 *Guignardia morindae*（异名：*Phyllostictina morindae*、*Physalospora morindae*、*Puiggarina morindae* 等）引起海滨木巴戟蛙眼病；1999年，夏威夷发现疫霉菌（*Phytophthora* sp.）危害海滨木巴戟茎、枝、叶及果实，引起黑旗病；2005年，夏威夷报道根结线虫（*Meloidogyne* spp.）严重危害海滨木巴戟根茎部；2010年，印度报道发现链格孢菌（*Alternaria alternata*）引起叶疫病、胶孢炭疽菌（*Colletotrichum gloeosporioides*）引起炭疽病。还有研究发现，引起海滨木巴戟叶斑的还有寄生性藻类（*Cephaleuros minimus*），根霉（*Rhizopus* sp.）引起果实腐烂。齐整小核菌（*Sclerotium rolfsii*）引起根茎腐烂，此外还有茎秆溃疡病和煤污病（病原不详）。永兴岛调查到的海滨木巴戟病害有炭疽病、色二孢叶斑病和煤烟病。

## 一、海滨木巴戟炭疽病

【症状】该病主要危害叶片。初期病斑棕色，近圆形，随病斑扩展，病部中央灰白色，产生大量棕褐色至黑色小点，并轮纹状排列，病健交界处褐色，病斑边缘不规则；多个病斑可合并扩展呈不规则状，感病叶片易脱落（图1-23）。

【病原菌】引起该病的病原菌为胶孢炭疽菌（*Colletotrichum gloeosporioides*）（图1-24）。该菌特征见草海桐炭疽病菌。

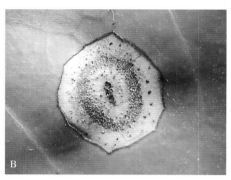

图1-23 海滨木巴戟炭疽病症状
A：叶片症状；B：病斑局部图

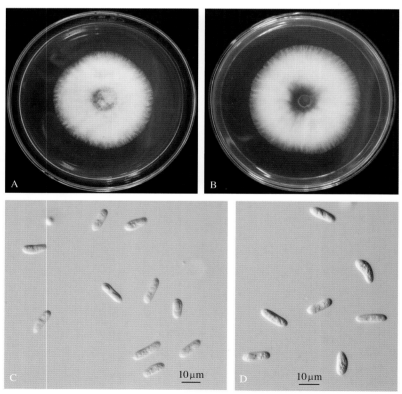

图1-24 胶孢炭疽菌（*C. gloeosporioides*）特征
A：菌落正面；B：菌落背面；C、D：分生孢子

## 二、海滨木巴戟色二孢叶斑病

【症状】该病主要危害叶片，发病初期出现黄褐色水渍状病斑，随后病斑变为黑褐色不规则病斑（图1-25）。

【病原菌】引起该病的病原菌为可可毛色二孢菌（*Lasiodiplodia theobromae*）（图1-26）。该菌特征见草海桐色二孢枝枯病菌。

图1-25　海滨木巴戟色二孢叶斑病症状

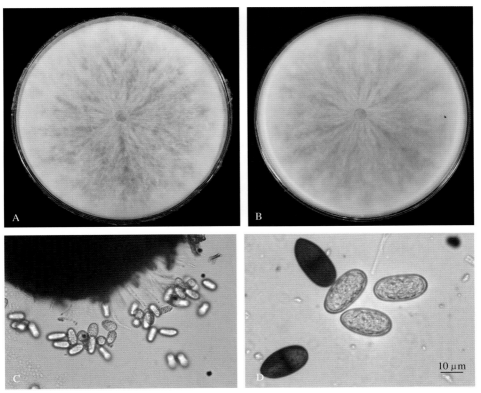

图1-26　可可毛色二孢菌（*L. theobromae*）培养特征
A：菌落正面；B：菌落背面；C：分生孢子器、分生孢子和附属丝；D：分生孢子

## 三、海滨木巴戟煤烟病

【症状】该病危害枝条、叶片和果实，形成黑色的煤烟状物，严重时布满枝条、叶面及果面，形成黑色霉层（图1-27）。该煤层可擦除干净。蚜虫、蚧壳虫等危害时易产生。

【病原菌】引起该病的病原菌为枝孢菌（*Cladosporium* sp.）（图1-28）。

图1-27 海滨木巴戟煤烟病症状

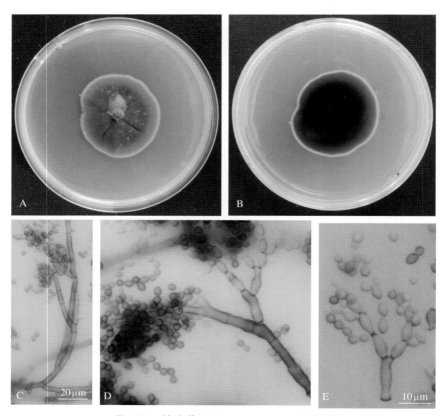

图1-28 枝孢菌（*Cladosporium* sp.）特征
A：菌落正面；B：菌落背面；C~E：分生孢子梗和分生孢子

该菌在PDA培养基上生长慢，正面橄榄色，表面菌丝浅绒毛状，有皱褶，背面深墨绿色，菌落边缘呈白色；分生孢子梗褐色，有分支，直立或者弯曲，顶端具有产孢痕；分枝分生孢子近圆柱形、圆柱形或近椭圆形，有产孢痕，顶端分生孢子链生，卵圆形或近球形。

## 第四节　厚藤病害

厚藤（*Ipomoea pes-caprae* L.），又名马鞍藤、沙灯心、马蹄草、鲎藤、海薯（藤）、走马风、马六藤、白花藤、沙藤、海茹藤、海滩牵牛、二裂牵牛、二叶红薯、红花马鞍藤、马蹄金、马蹄莲、马蹄藤、狮藤等，为旋花科（Convolvulaceae）番薯属（*Ipomoea*）多年生匍匐蔓生草本植物，广布于全球热带及亚热带沿海地区，在我国分布于海南、台湾、福建、广东、广西、浙江等地。

【病害简史】1979年美国关岛发现厚藤尾孢菌（*Cercospora ipomoeae*）引起厚藤叶斑病，随后在夏威夷（1981）、赛舌尔（1983）及美国夏威夷（2000）先后报道尾孢菌（*Cercospora* sp.）引起厚藤叶斑病，澳大利亚（1991）发现帝汶假尾孢（*Pseudocercospora timorensis*）引起叶斑病；1985年日本关岛发现厚藤白锈菌（*Albugo ipomoeae*）可引起厚藤白锈病，软毛小煤炱（*Meliola malacotricha*）引起煤污病；1999年台湾报道厚藤褐根病（*Phellinus noxius*）。2003年澳大利亚在厚藤上发现植原体病害危害；2007年美国关岛报道无根藤（*Cassytha filiformis*）寄生危害。2012年越南报道炭疽菌（*Colletotrichum condaoense*）引起厚藤叶炭疽病。

永兴岛调查到的厚藤病害有尾孢褐斑病、色二孢叶斑病、拟茎点霉褐斑病和链格孢叶斑病。

### 一、厚藤尾孢褐斑病

【症状】主要危害叶部，病斑自叶两面生。初为点状褐色斑点，进一步扩展为圆形、近圆形或不规则形褐色或黑褐色病斑，略凹陷，病部中心多枯黄色，病斑直径不超过5 mm（图1-29）。

【病原菌】引起该病的病原菌为尾孢菌（*Cercospora* cf. *citrulina*）（图1-30）。病菌从叶片气孔侵入，子座小或无，菌丝体内生，孢子梗束状，松散，4～12根，0～3个隔膜，大小（27.94～115.8）μm×（3.25～5.32）μm。分生孢子线形，透明，直到稍弯曲，先端亚尖到钝圆，基部截形，多隔，大小（21.0～125.56）μm×（2.07～5.09）μm。

该菌在PDA上28℃培养时，菌落生长缓慢，初期菌丝灰白色，致密、中央突起，边缘墨绿色、光滑。分生孢子梗直接产孢，分生孢子单生，透明，丝状，针状到倒棒状，直到稍弯曲，先端亚尖到钝圆，基部截形，多隔。

图1-29　厚藤尾孢褐斑病症状

A~C：整株危害状；D：叶片症状；E：接种症状；F：对照

图1-30 尾孢菌（*C.* cf. *citrulina*）特征
A、B：感病叶片气孔上长出的分生孢子梗；C、D：感病叶片上的分生孢子；
E：菌落正面；F：菌落背面；G：菌丝体上产生分生孢子；H~J：分生孢子

## 二、厚藤色二孢菌叶斑病

【症状】主要危害叶部，初期叶片黑褐色近圆形或不规则病斑，后随病情发展，病斑扩大联合成黑褐色斑块。严重时危害枝蔓，造成枝蔓枯萎（图1-31）。

【病原菌】引起该病的病原菌为可可毛色二孢菌（*Lasiodiplodia theobromae*）（图1-32）。该菌在PDA培养基上菌落生长快，菌丝体初期白色至灰白色，渐变为灰黑色至黑褐色，基质灰色转灰绿色至黑色，1个月左右菌落上产生黑色突起，即为分生孢子器。分生孢子器近球形，器壁较厚，内有侧丝，无色透明，分生孢子椭圆形，未成熟分生孢子单胞，无色，椭圆形，成熟的分生孢子双胞，椭圆形，褐色至暗褐色，表面有纵纹。

图1-31　厚藤色二孢菌叶斑病症状
A、B：叶片危害状；C：蔓枯症状；D：接种叶片症状；E：接种蔓症状

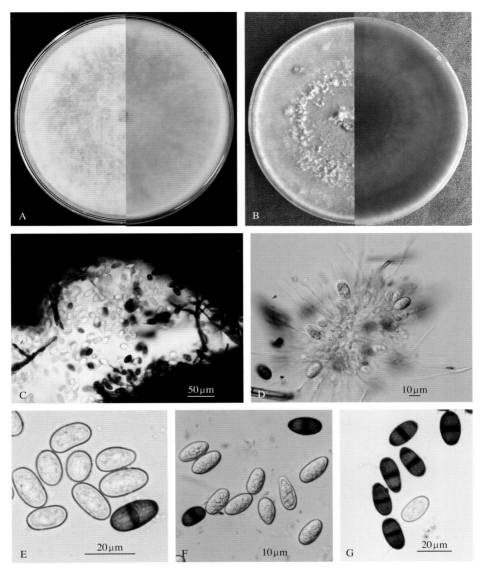

图1-32　可可毛色二孢菌（*L. theobromae*）特征
A：早期菌落（左：正面，右：背面）；B：后期菌落（左：正面，右：背面）；C：分生孢子器和分生孢子；
D：侧丝和分生孢子；E～G：分生孢子

### 三、厚藤拟茎点霉褐斑病

【症状】 主要危害叶部，发病初期，叶片出现黑褐色点状病斑，湿度大时病斑扩展呈褐色水渍状，接种发病的叶片，病部可见白色霉状物（图1-33）。

【病原菌】 引起该病的病原菌为拟茎点霉（*Phomopsis* sp.）（图1-34）。

该菌在PDA培养基上，菌落生长较快，白色薄绒状，边缘不规则，背面中部为黄褐色，边缘浅黄色，基质初期白色后转为淡黄色，后期长出黑色小粒即病原菌的分生孢子器。分生孢子器聚生或单生，黑褐色，成熟后凸起；β型分生孢子线形，一端呈钩状，无色，单胞，未见α型分生孢子。

图1-33　厚藤拟茎点霉褐斑病症状
A：整株危害状；B：叶片症状；C：接种症状（左：接种，右：对照）

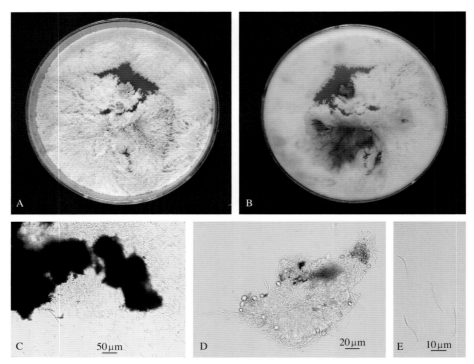

图1-34　拟茎点霉〔*Phomopsis* sp.〕特征
A：菌落正面；B：菌落背面；C、D：分生孢子器和分生孢子；E：分生孢子

## 四、厚藤链格孢叶斑病

【**症状**】该病主要危害叶片，多发生于叶尖和叶缘，病斑褐色，多为轮纹干枯状（图1-35）。

【**病原菌**】引起该病的病原菌为链格孢菌（*Alternaria* sp.）（图1-36）。

该菌在PDA培养基上培养，菌落生长速度中等，黄绿色至灰绿色，边缘整齐；分生孢子梗单生直立，不分枝或有分枝，浅褐色至深褐色，有的上部色浅，基部细胞稍大，具隔膜1～9个；分生孢子形状差异较大，椭圆形至圆筒形、倒棍棒形至倒梨形或卵形至肾形，浅褐色至暗褐色，5 ~ 10个串生，无喙或具短喙，喙不长于孢子长度的1/3，孢身具横隔膜 1 ~ 8个，纵隔膜1 ~ 6个，分隔处缢缩。

图1-35　厚藤链格孢叶斑病症状
A、B：叶片症状；C：接种叶片症状（左：接种，右：对照）

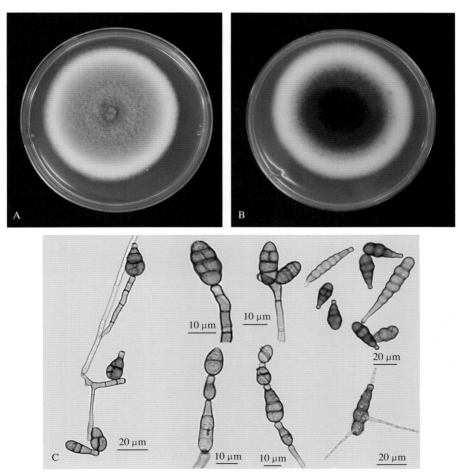

图1-36　链格孢菌（*Alternaria* sp.）特征
A：菌落正面；B：菌落背面；C：分生孢子梗和分生孢子

# 第五节 银毛树病害

银毛树（*Tournefortia argentea*）为紫草科（Boraginaceae）紫丹属（*Tournefortia*）常绿小乔木或灌木。在我国主要分布于海南岛、西沙群岛及台湾岛。

银毛树病害种类较少。1980年瑙鲁共和国（太平洋中部岛国）发现假尾孢（*Pseudocercospora* sp.）危害叶片，形成圆形斑点。1998年夏威夷发现银毛树锈病（*Uredo wakensis*），危害较为严重，笔者在调查中未发现上述病害。

### 一、银毛树色二孢枝枯病

【症状】该病危害枝条，导致枝条顶端干枯，叶片萎蔫脱落，病部有时长出白色霉层。切开病枝条，可见木质部变为褐色（图1-37）。

【病原菌】引起该病的病原菌为可可毛色二孢菌（*Lasiodiplodia theobromae*）（图1-38）。该菌特征见草海桐色二孢枝枯病菌。

图1-37　银毛树色二孢枝枯病症状
A~C：枝条危害状；D：枝条内部危害状

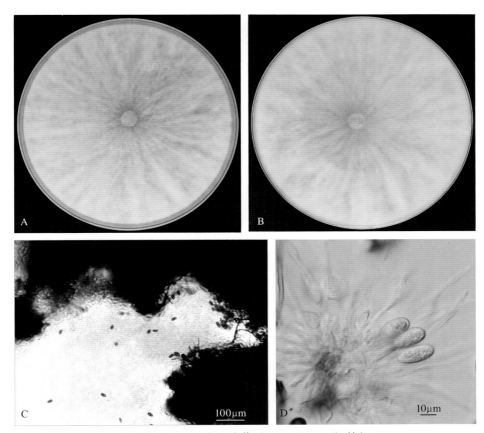

图1-38　可可毛色二孢菌（*L. theobromae*）特征
A：菌落正面；B：菌落背面；C：分生孢子器和分生孢子；D：侧丝和分生孢子

## 二、拟茎点霉枝枯病

【症状】该病危害枝条，导致枝条顶端干枯，叶片萎蔫脱落，切开病枝条，可见木质部变黑褐色（图1-39）。

【病原菌】引起该病的病原菌为拟茎点霉（*Phomopsis* sp.），其有性世代为间座壳菌（*Diaporthe* sp.）（图1-40）。

该菌在PDA培养基上菌落白色，边缘不整齐，菌丝稀疏呈放射状生长，随着培养时间的延长，培养基质变为淡黄褐色，菌落呈灰白色，并着生黑色小点即病原菌的分生孢子器。分生孢子器黑褐色，单腔，分生孢子梗单胞不分枝，α型分生孢子单胞、无色、纺锤形至椭圆形，0～2个油球，大小（5.9～9.8）μm×（2.0～3.1）μm，偶见β-型分生孢子，培养时未见有性世代。

图1-39 银毛树拟茎点霉枝枯病症状
A～D：枝条危害状；E：枝条内部危害状

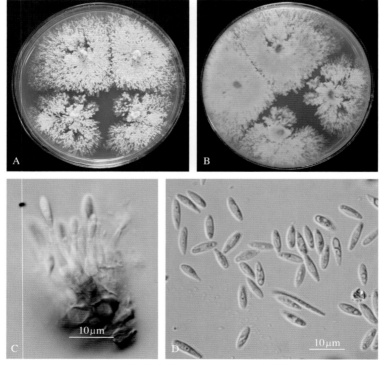

图1-40 拟茎点霉（*Phomopsis* sp.）特征
A：菌落正面；B：菌落背面；C：分生孢子梗和分生孢子；D：分生孢子

# 第六节　其他原生植物病害

## 一、橙花破布木叶斑病

橙花破布木（*Cordia subcordata* Lam.）为紫草科（Boraginaceae）破布木属（*Cordia*）乔木。分布于我国海南及西沙群岛，非洲东海岸、印度、越南及太平洋南部诸岛屿亦有分布。国内外报道的橙花破布木病害极少，永兴岛调查到的橙花破布木病害有叶斑病。

【症状】该病主要危害叶片，病斑红褐色，不规则状（图1-41）。

【病原菌】引起该病的病原菌为镰刀菌（*Fusarium* sp.）（图1-42，图1-43）。

该菌在PDA培养基上生长，菌落圆形，气生菌丝发达，初期白色，后逐渐变为橘黄色，培养基背面米黄色。分生孢子梗在气生菌丝上形成，顶端可产生大型分生孢子，大型分生孢子镰刀形，向两端逐渐变细，具有明显足胞，3～5个分隔。未见小型分生孢子。

图1-41　橙花破布木叶斑病症状

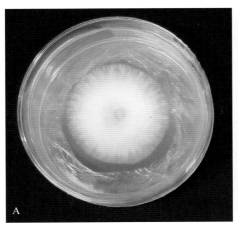
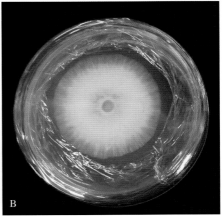

图1-42　镰刀菌（*Fusarium* sp.）菌落特征
A：菌落正面；B：菌落背面

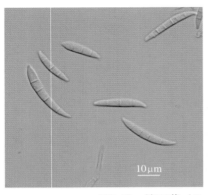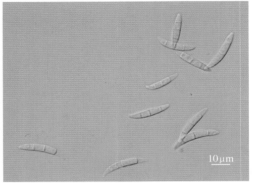

图1-43  镰刀菌〔*Fusarium* sp.〕大型分生孢子特征

## 二、大叶榄仁大茎点霉叶斑病

大叶榄仁（*Terminalia catappa*）为使君子科（Combretaceae）诃子属（*Terminalia*）高大乔木。主要分布于马来西亚、越南以及印度、大洋洲等热带区域，南美热带海岸也很常见。我国海南、广西、广东、台湾等热带亚热带地区有栽培。大叶榄仁是我国西沙群岛生态建设中的重要原生树种，自然生长于西沙群岛多个岛屿。国内外报道的大叶榄仁病害较少，主要有由拟盘多毛孢（*Pestalotiopsis* sp.）、球座菌（*Guignardia* sp.）、曲霉菌（*Aspergillus* sp.）等引起的叶斑病，茄镰孢（*Fusarium solani*）引起的幼苗叶疫病等。永兴岛调查到的大叶榄仁病害有大茎点霉叶斑病。

【症状】该病主要危害叶片，受害叶片上出现圆形、红褐色病斑，呈轮纹状（图1-44）。

【病原菌】引起该病的病原菌为大茎点霉（*Macrophoma* sp.）（图1-45）。

在PDA培养基上菌落圆形，正反面均为黑色，边缘较整齐，菌丝生长缓慢，绝大部分菌丝匍匐生长，菌丝对培养基有很强的穿透能力，形成基内菌丝。在菌落表面形成大量的黑色分生孢子器，球形、扁圆锥形或椭球形，分生孢子无色、单胞、椭圆形、卵圆形或梨形，具有一根无色附属丝。

图1-44  大叶榄仁大茎点霉叶斑病症状
A：叶片症状；B：病斑局部症状

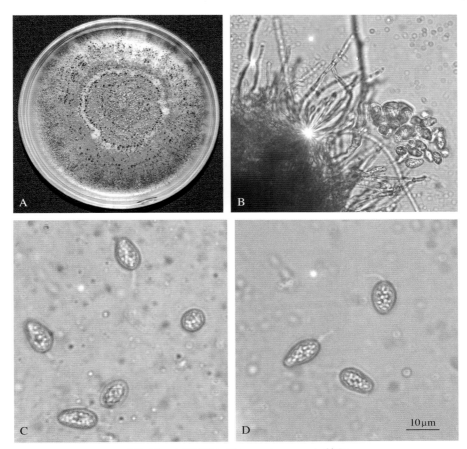

图1-45 大茎点霉（*Macrophoma* sp.）特征
A：菌落正面；B：分生孢子器和分生孢子；C、D：分生孢子

### 三、抗风桐炭疽病

抗风桐（*Ceodes grandis*）属紫茉莉科（Nyctaginaceae）胶果木属（*Ceodes*）（异名：*Pisonia grandis*、*Pisonia alba*）植物，又名白避霜花、无刺桐、麻枫桐，常绿无刺乔木。主要分布于印度、斯里兰卡、马尔代夫、马达加斯加、马来西亚、印度尼西亚、澳大利亚东北部及太平洋岛屿。我国分布于台湾（东部）和西沙群岛。本种植物为西沙群岛最主要的树种之一，常成纯林。因受风影响，枝条很少，叶常丛生。2013年，在印度发现报道胶孢炭疽病（*Colletotrichum gloeosporioides*）引起叶部炭疽病。永兴岛调查到的抗风桐病害有炭疽病。

【症状】该病主要危害叶片，发病初期形成中央褐色、边缘黄色的近圆形小斑，随着病斑扩大，在叶片上形成黑褐色圆形、近圆形或不规则形病斑，常具有黄色晕圈，严重时叶片脱落（图1-46）。

【病原菌】引起该病的病原菌为炭疽菌（*Colletotrichum* sp.）（图1-47）。

在PDA培养基上菌落圆形，白色至浅灰色，边缘整齐；气生菌丝绒毛状，分生孢子从菌丝顶端产生，椭圆形或圆柱形，单胞，无色透明，内含物颗粒状，中间有一油滴。

图1-46　抗风桐炭疽病症状

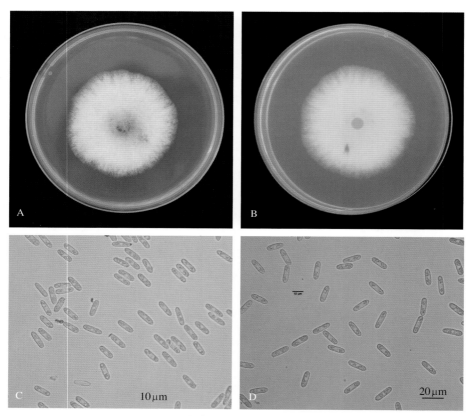

图1-47　炭疽菌（*Colletotrichum* sp.）特征
A：菌落正面；B：菌落背面；C、D：分生孢子

## 四、蒺藜煤烟病

【症状】该病可危害植株的任何部分，形成黑色煤烟状物，严重时到处布满灰黑色霉层，导致叶片发黄脱落，植株枯死（图1-48）。该煤层可擦除干净。叶蝉、蚧壳虫等危害时易产生。

【病原菌】引起该病的病原菌为枝孢菌（*Cladosporium* sp.）（图1-49）。

该菌在PDA培养基上生长缓慢，菌落正面橄榄色，具有轮纹、略有皱褶，表面菌丝浅绒毛状，背面深蓝黑色；菌落边缘呈白色。分生孢子梗深褐色、细长，有产孢痕，分枝分生孢子褐色，近圆柱形或圆柱形，有产孢痕，顶端分生孢子浅褐色，链生，近纺锤形或近球形。

图1-48 蒺藜煤烟病症状

图1-49 枝孢菌（*Cladosporium* sp.）特征
A：菌落正面；B：菌落背面；C~E：分生孢子梗和分生孢子

# 第二章　园艺植物病害

## 第一节　三角梅病害

三角梅（*Bougainvillea spectabilis*）又名叶子花、九重葛、宝巾花等，是紫茉莉科（Nyctaginaceae）、叶子花属（*Bougainvillea*）的常绿攀援性灌木。据文献记载，假单胞菌（*Pseudomonas andropogonis*）引起三角梅细菌性叶斑病，三角梅尾孢菌（*Cercosporidium bougainvilleae*）、三角梅钉孢菌（*Passalora bougainvilleae*）等病原菌引起三角梅叶斑病，围小丛壳菌（*Glomerella cingulata*）引起三角梅炭疽病，多种病毒和支原体引起三角梅叶部黄化等病害。永兴岛调查到的三角梅病害有炭疽病、黑孢霉叶斑病和煤烟病。

### 一、三角梅炭疽病

【症状】该病主要危害叶片，多从叶尖叶缘开始发病，病斑边缘具明显的黄色晕圈，病健交界处黄褐色，病部灰白色，有时可见轮纹状斑纹（图2-1）。

图2-1　三角梅炭疽病症状

【病原菌】引起该病的病原菌为炭疽菌（*Colletotrichum* sp.）（图2-2）。

在PDA培养基上菌落圆形，初期白色，边缘整齐；气生菌丝绒毛状，具有散变现象，后期灰白色，培养基背面墨绿色，分生孢子从分生孢子盘或菌丝顶端产生，椭圆形或圆柱形，单胞，无色透明，内含物颗粒状，中间有一油滴。

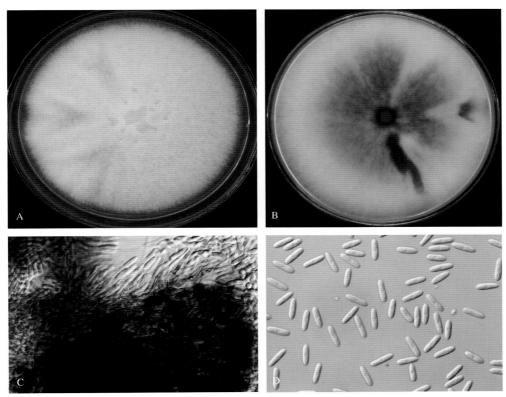

图2-2　炭疽菌（*Colletotrichum* sp.）形态特征
A：菌落正面；B：菌落背面；C：分生孢子盘和分生孢子；D：分生孢子

## 二、三角梅黑孢霉叶斑病

【症状】该病主要危害叶片，初期出现淡黄色小点，随病斑扩大，病斑近圆形，多个病斑汇合后为不规则形，中央红褐色，边缘淡黄色。该病斑扩展慢，最后病斑中央灰白色，病健交界处红褐色，具有淡黄色晕圈（图2-3）。

【病原菌】引起该病的病原菌为黑孢霉（*Nigrospora* sp.）（图2-4）。

在PDA上培养，菌落最初白色，气生菌丝绒毛状，随后颜色逐渐加深，呈浅灰色至深灰色，产孢细胞透明、安培瓶状，分生孢子单胞，球形或近球形，黑色，表面光滑，大小（13.4 ～ 18.2）μm×（12.1 ～ 14.9）μm。

图2-3 三角梅黑孢霉叶斑病症状
A～E：叶片受害状；F：接种症状（左：接种，右：对照）

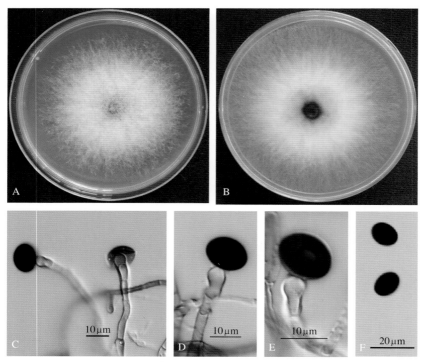

图2-4 黑孢霉（*Nigrospora* sp.）形态特征
A：菌落正面；B：菌落背面；C～E：分生孢子梗和分生孢子；F：分生孢子

### 三、三角梅煤烟病

【症状】该病主要危害枝条和叶片，形成黑色煤烟状物，布满枝条和叶面，严重时到处布满黑色霉层，导致叶片发黄脱落。该煤层可擦除干净（图2-5）。

【病原菌】引起该病的病原菌为枝孢菌（*Cladosporium* sp.）（图2-6）。

该菌在PDA培养基上生长缓慢，菌落正面橄榄色，表面菌丝浅绒毛状，略有皱褶，背面中央深蓝黑色，向外颜色渐浅，菌落边缘呈白色。分生孢子梗细长，有产孢痕，分枝分生孢子近圆柱形、圆柱形，有产孢痕，顶端分生孢子链生，近纺锤形或近球形。

图2-5 三角梅煤烟病症状

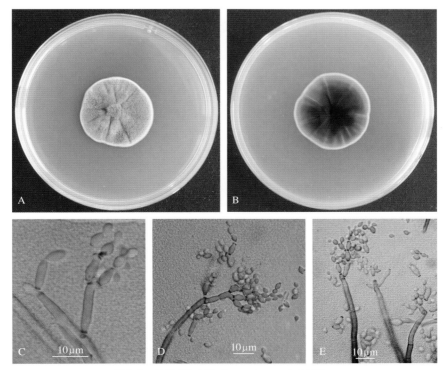

图2-6 枝孢菌（*Cladosporium* sp.）特征
A：菌落正面；B：菌落背面；C~E：分生孢子梗和分生孢子

# 第二节　龙船花病害

　　龙船花（*Ixora* spp.）是茜草科（Rubiaceae）龙船花属（*Ixora*）常绿灌木或小乔木。广泛分布于亚洲热带地区和非洲、大洋洲。1970年，Miller发现*Xanthomonas* sp.引起的龙船花属叶部细菌性病害。2010年在巴西报道了*Pseudocercospora ixoricola*叶斑病；在印度报道了炭疽病（*Colletotrichum gloeosporioides*），中国报道发现萎蔫病（*Fusarium* sp.）、炭疽病（*C. gloeosporioides*）、褐斑病（*Cercospora ixorae*）、灰斑病（*Phyllosticta* sp.），由拟盘多毛孢（*Pestalotiopsis* sp.）引起的赤枯病及*Diaporthe taiwanensis*导致的叶斑病。永兴岛调查到的龙船花病害有毛色二孢梢枯病、拟茎点霉梢枯病、炭疽病、赤枯病和叶点霉叶斑病。

## 一、龙船花毛色二孢梢枯病

　　【症状】该病害发病初期叶尖和叶缘出现不规则的红褐色病斑，病斑扩展较快，面积不断扩大，造成叶片枯萎或脱落；枝梢前期呈褐色枯萎，逐渐变为红褐色，病健交界明显，发病初期在枝干上生白色菌丝，后期植株顶梢枯死，植株最终枯萎死亡（图2-7）。

图2-7　龙船花毛色二孢梢枯病症状
A～C：病害症状；　D、E：接种枝条症状；　F：接种叶片症状

【**病原菌**】引起该病的病原菌为色二孢菌（*Lasiodiplodia hormozganensis*）（图2-8）。

病原菌在PDA培养基上培养，初期菌落呈白色，中心浅绿色，气生菌丝发达且直立，7 d左右菌落呈墨绿色，最终变为黑色；培养30 d后产孢，分生孢子器半埋生于培养基中，呈近球状突起，由浓密的菌丝体包裹，散生，厚壁，有孔口，深褐色至黑色，最大直径可达940 μm；产孢细胞为外生芽殖型，无色，短圆柱形；侧丝透明，圆柱状；分生孢子单孢，未成熟的分生孢子透明，椭圆形或卵圆形；成熟时呈深褐色，顶端钝圆，基部平截，有一个隔膜和数条纵纹，孢子大小为（19.3～22.9）μm ×（11.0～13.2）μm。

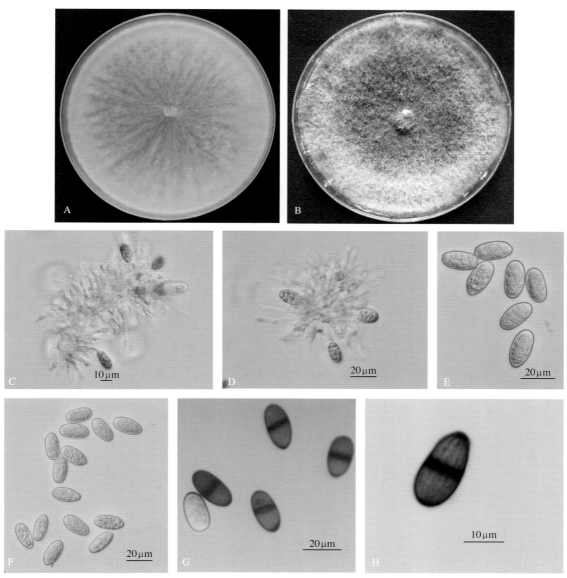

图2-8　色二孢菌（*L. hormozganensis*）形态特征
A：培养3 d的菌落形态；B：培养20 d的菌落形态；C、D：产孢细胞、分生孢子及侧丝；E～H：分生孢子

## 二、龙船花拟茎点霉梢枯病

【症状】该病害发病初期叶尖和叶缘出现不规则的红褐色病斑，病斑面积不断扩大，造成叶片枯萎或脱落；枝条出现局部红褐色病斑，病健交界明显（图2-9）。

【病原菌】引起该病的病原菌为拟茎点霉菌（*Phomopsis* sp.）（图2-10），有性世代为间座壳菌（*Diaporthe miriciae*）。

病原菌在PDA培养基上，菌落呈白色，紧贴于培养基生长，9 d可长满整个平板，培养28 d后可产孢，分生孢子器内为多室，分散或聚集。单生，有孔口，小孔中有黄色的分生孢子液渗出。分生孢子梗由室壁内层形成，退化为分生细胞，半透明，圆柱形，（11 ~ 20）μm×（1.6 ~ 2.9）μm。产孢细胞卵圆形，透明，（6 ~ 11）μm×（1.4 ~ 3.0）μm。α型分生孢子丰富，梭形到椭圆形，先端圆形，在基部变窄，透明，（6 ~ 7.5）μm×（2.0 ~ 2.5）μm。β型分生孢子线性，透明，大小（21 ~ 34）μm×（1.1 ~ 1.6）μm。

图2-9 龙船花拟茎点霉梢枯病症状

A~C：病害症状；D：枝条接种症状；E：枝条接种对照；F：叶片接种症状；G：叶片接种对照

图2-10　拟茎点霉（*Phomopsis* sp.）特征
A：菌落正面；B：菌落背面；C、D：产孢细胞和 α 型孢子

### 三、龙船花炭疽病

【症状1】该病害发病初期从叶尖或叶缘出现褐色病斑，病斑扩展较快，随病情发展，叶片病斑变成灰白色，造成叶片枯萎或脱落，病健交界明显（图2-11）。

图2-11　龙船花炭疽病症状1

【病原菌1】引起该病的病原菌为炭疽菌（*Colletotrichum aeschynomenes*）（图2-12）。

该菌在PDA培养基上培养，菌落呈灰白色，气生菌丝发达。培养4 d后可产孢，单胞，无隔膜，透明，圆柱状或椭圆状，部分孢子在靠近中间部分轻微收缩，孢子大小为（7.18～16.60）μm×（2.87～5.16）μm。

【症状2】该病害发病从叶尖、叶缘或叶中出现褐色病斑，病斑扩展较快，叶片病斑一直呈褐色，表面有白色菌丝，随病情发展，叶片枯萎脱落，病健交界明显（图2-13）。

【病原菌2】引起该病的病原菌为炭疽菌*C. gloeosporioides*（图2-14）。

该菌在PDA培养基上培养，菌落呈灰白色，气生菌丝发达。培养4 d后可产孢，单胞，无隔膜，透明，圆柱状或椭圆状。

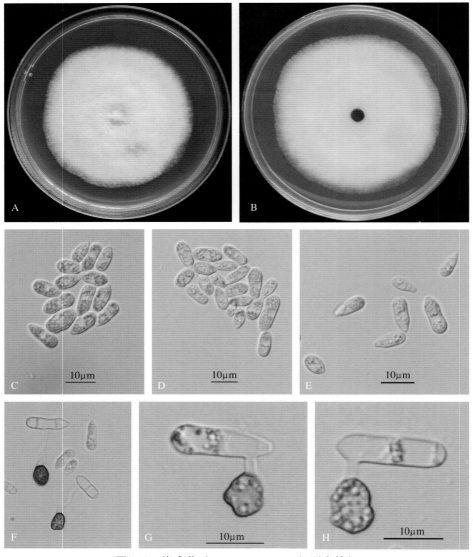

图2-12　炭疽菌（*C. aeschynomenes*）形态特征
A：菌落正面；B：菌落背面；C～E: 分生孢子；F：分生孢子和附着孢；G、H：附着孢

图2-13 龙船花炭疽病症状2

A、B：病害症状；C：叶片接种症状；D：叶片接种对照

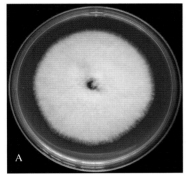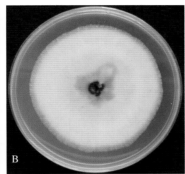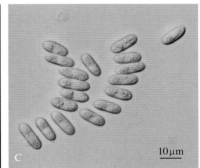

图2-14 胶孢炭疽菌（*C. gloeosporioides*）形态特征

A：菌落正面；B：菌落背面；C：分生孢子

## 四、龙船花赤枯病

【症状】该病害发病从叶缘出现不规则的红色病斑，逐渐向整片叶片和枝条扩散，最终变成灰褐色，随病情发展，叶片枯萎脱落，枝条枯死，最终导致整株死亡（图2-15）。

【病原菌】引起该病的病原菌为棒状拟盘多毛孢（*Neopestalotiopsis clavispora*）（图2-16）。

该菌在PDA培养基上培养菌落呈近圆形，正面呈白色，背面呈淡黄色，波浪状；15 d左右在菌落上可见分生孢子盘，呈黑色油状小点，散生，黑色，后期盘上出现墨汁状黏液，分生孢子盘直径为（137.66～243.45）μm。分生孢子呈纺锤形或长棱形，大小为（22.13～31.56）μm×（5.15～7.26）μm，可见4个隔膜和5个细胞，分隔处缢缩不明显，顶端与基部细胞颜色较淡，中间3个细胞颜色较深，多为褐色，顶端有2～3根不分支的附属丝，无色透明，基部细胞具有小柄。

图2-15  龙船花赤枯病症状
A：病害症状；B：叶片接种症状

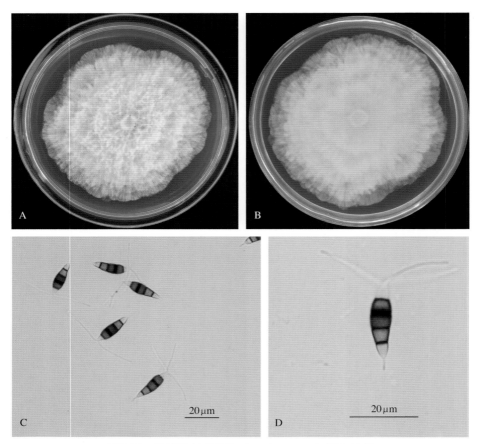

图2-16  棒状拟盘多毛孢（*N. clavispora*）形态特征
A：菌落正面；B：菌落背面；C、D：分生孢子

### 五、龙船花叶点霉叶斑病

【症状】该病害发病从叶片正面出现红色病斑，逐渐向整片叶片扩散并且穿透到叶片背面，病斑扩展较快，在枝条上出现相同病斑，随病情发展，叶片枯萎脱落，病健交界明显（图2-17）。

【病原菌】引起该病的病原菌为首都叶点霉（*Phyllosticta capitalensis*）（图2-18）。

该菌在PDA培养基上，培养7 d菌落呈灰绿色，菌落边缘不规则，呈波浪状扩展，直径约28 ～ 46 mm，菌落正面中部青色或青灰色，边缘为灰白色，背部为墨绿色，青黑色至黑色，气生菌较致密，分生孢子无色，单胞，大多梨形或长梨形，大小为（6 ～ 11）μm×（6 ～ 7）μm，子囊孢子大小为（19.1 ～ 23.2）μm×（11.3 ～ 12.8）μm。

图2-17 龙船花叶点霉叶斑病症状
A～D：病害症状；E：叶片接种症状；F：叶片接种对照

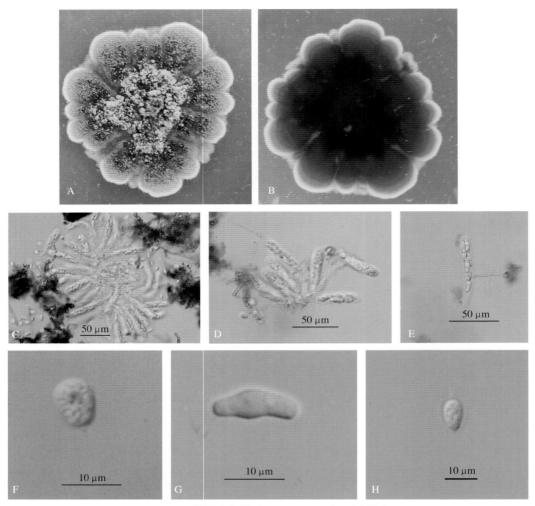

图2-18　首都叶点霉（*P. capitalensis*）形态特征
A、B：PDA培养7 d菌落形态；C～E：子囊；F、H：分生孢子；G：子囊孢子

# 第三节　鸡蛋花病害

　　鸡蛋花（*Plumeria rubra* L.）为夹竹桃科（Apocynaceae）鸡蛋花属（*Plumeria*）落叶灌木或小乔木。又名缅栀子、大季花。原产墨西哥，现广泛种植于热带及亚热带地区，我国广东、广西、云南、福建、海南等省（自治区）有栽培，具有极高的观赏价值。鸡蛋花病害报道较少，主要有鸡蛋花鞘锈菌（*Coleosporium plumeriae*）引起的锈病和炭疽菌（*Colletotrichum gloeosporioides* 和 *C. siamense*）引起的炭疽病是鸡蛋花的主要病害，其次，报道的病害还有白粉病（*Erysiphe elevata*）、弯孢叶斑病（*Curvularia lunata*）等。永兴岛调查到的鸡蛋花病害有锈病、炭疽病和煤烟病。

### 一、鸡蛋花锈病

【症状】该病主要危害叶片，嫩叶和老叶都可感病。发病初期，在叶背着生橘黄色突起或不规则点状的黄色夏孢子堆，夏孢子堆四周形成形状不规则的褪绿斑，在叶正面感病部位出现浅黄色病斑，随病情发展，褪绿斑扩展、褐色、略凹陷，病斑边缘有棱角，最终连片，叶背面的夏孢子堆聚集。在发病严重的叶片上，夏孢子堆可突破叶片正面表皮外露。严重感病时导致叶片早衰脱落（图2-19）。

【病原菌】引起该病的病原菌为鸡蛋花鞘锈菌（*Coleosporium plumierae*）（图2-20）。

该菌不能在PDA培养基上培养。夏孢子形成于叶片背面的黄色或黄棕色的粉末状囊团内，突破表皮，夏孢子溢出，夏孢子卵球形、近球形或椭圆形，淡黄色，（22.1 ～ 32.1）μm×（16.9 ～ 29.8）μm，壁上有疣状突起，壁无色，厚（1.1 ～ 3.1）μm。未见冬孢子。

图2-19　鸡蛋花锈病症状
A、B：整株危害状；C、D：叶片危害状

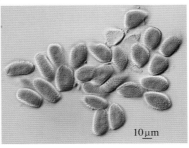
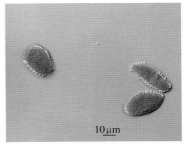

图2-20　鸡蛋花鞘锈菌（*C. plumierae*）夏孢子特征

### 二、鸡蛋花炭疽病

【症状】该病主要危害叶片，发病初期出现褐色小斑点，扩展后呈近圆形或不规则形暗褐色病斑，后期干枯、中央灰白色、略凹陷，边缘褐色，有时病斑上可见黑色颗粒状物及病原菌分生孢子盘（图2-21）。

【病原菌】引起该病的病原菌为炭疽菌（*Colletotrichum* sp.）（图2-22）。

分生孢子盘产于病斑中，分生孢子盘近圆形，上散生数目不等的深褐色刚毛，刚毛向顶端渐尖色渐淡，分生孢子梗无色、圆柱形，稍长于分生孢子，分生孢子单胞无色、椭圆形或两端钝圆的圆柱形。

图2-21　鸡蛋花炭疽病症状
A：整叶受害状；B：叶片正面受害状；C：叶片背面受害状

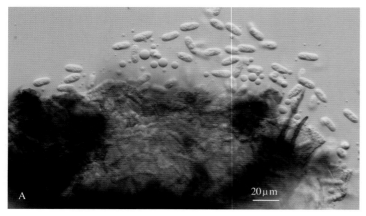
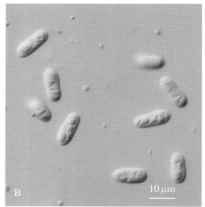

图2-22　炭疽菌（*Colletotrichum* sp.）特征
A：分生孢子盘；B：分生孢子

### 三、鸡蛋花煤烟病

【症状】该病主要危害枝条和叶片，形成黑色煤烟状物，布满枝条和叶面，严重时到处布满黑色霉层，导致叶片发黄脱落（图2-23）。该煤层可擦除干净。蚧壳虫等危害时易产生。

【病原菌】引起该病的病原菌为枝孢菌（*Cladosporium* sp.）（图2-24）。

该菌在PDA培养基上生长缓慢，菌落正面橄榄灰色，有皱褶，表面菌丝浅绒毛状，背面中央黑色，向外颜色渐浅，有裂纹；菌落边缘呈白色。分枝分生孢子褐色，近圆柱形、圆柱形或近卵圆形，有产孢痕，顶端分生孢子浅褐色，链生，卵圆形、近纺锤形或近球形。

图2-23　鸡蛋花煤烟病症状

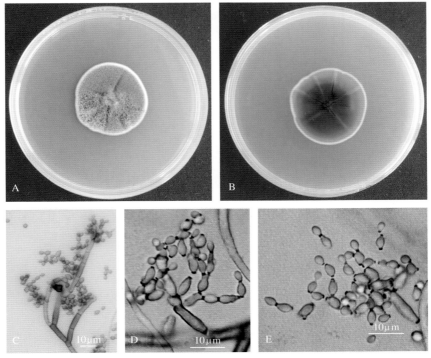

图2-24　枝孢菌（*Cladosporium* sp.）特征
A：菌落正面；B：菌落背面；C：分生孢子梗和分生孢子；D、E：分生孢子

# 第四节 鸡冠刺桐病害

鸡冠刺桐（*Erythrina crista-galli*）为豆科（Leguminosae）刺桐属（*Erythrina*）落叶灌木或小乔木，原产巴西。鸡冠刺桐主要种植于我国海南、广东、广西、福建、台湾等地区。自20世纪50年代开始，印度、马拉西亚、巴西、美国等地陆续有鸡冠刺桐病害的报道，研究发现引起鸡冠刺桐病害的病原菌较为复杂。造成根腐的病原种类包括蜜环菌（*Armillaria mellea* 和 *Armillaria tabescens*）、可可球二孢菌（*Botryodiplodia theobromae*）、层孔菌（*Fomes auberianus*）、镰刀菌（*Fusarium javanicum* 和 *Fusarium moniliforme*）、丝核菌（*Rhizoctonia ramicola*）。叶部病害包括小煤炱（*Meliola bicornis*）引起的煤烟病，球腔菌（*Mycosphaerella erythrinae*）、尾孢菌（*Cercospora erythrinicola*）引起的叶斑病，*Dicheirinia binata* 引起的锈病以及痂囊腔菌（*Elsinoe erythrinae*）引起的疮痂病。小奥德蘑（*Oudemansiella canarii*）可寄生鸡冠刺桐，引起树体衰弱。永兴岛调查到的鸡冠刺桐病害有拟茎点霉叶斑病和炭疽病。

## 一、鸡冠刺桐拟茎点霉叶斑病

【症状】该病主要危害叶片。病斑多从叶尖发生，随后沿叶尖叶缘逐渐展开扩大，病斑部位呈黄色至灰白色，中有褐色波浪状轮纹，叶斑边缘有黄色晕圈。接种症状表现为接种点黄褐色病斑，不断扩展，后期病部长出白色霉层（图2-25）。

图2-25 鸡冠刺桐拟茎点霉叶斑病症状
A、B：叶片受害状；C：嫩叶接种症状（左：接种，右：对照）；D：老叶接种症状（左：接种，右：对照）

【病原菌】引起该病的病原菌为拟茎点霉（*Phomopsis limonicola*）（图2-26），其有性世代为间座壳菌（*Diaporthe limonicola*）。

该菌在PDA上菌落白色薄绒状，生长较快，菌落边缘平整，背面中部为黄褐色，边缘浅黄色，基质初白色后呈淡黄色，后期长出黑色小粒状分生孢子器。分生孢子器聚生或单生，黑褐色，成熟后凸起；产孢细胞瓶梗形；分生孢子有3种类型：α型分生孢子梭形，两端钝，正直，偶尔微弯，无色，单胞，(6.1～8.3) μm×(1.5～2.2) μm；β型分生孢子线形，一端呈钩状，无色，单胞，(15.5～22.3)μm×(0.5～1.1)μm；γ型分生孢子近棍棒形，无色，单胞，(9.1～12.2) μm×(0.6～1.1) μm。在病叶及培养基上均未见其有性世代。

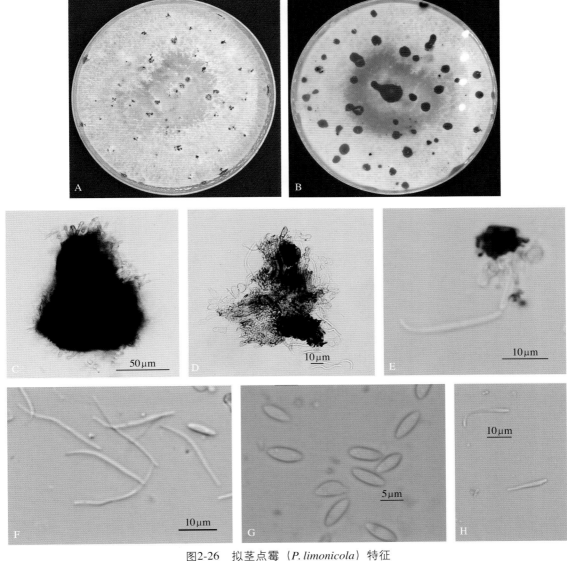

图2-26　拟茎点霉（*P. limonicola*）特征
A：菌落正面；B：菌落背面；C：分生孢子器；D：分生孢子器和分生孢子；E：分生孢子梗和β型分生孢子；
F：α型和β型分生孢子；G：α型分生孢子；H：β型和γ型分生孢子

## 二、鸡冠刺桐炭疽病

【症状】该病危害叶片和枝条（图2-27）。

叶片感病出现两种症状，一种表现为出现点状红褐色病斑，随病情的发展，叶片密布点状红褐色病斑；另一种症状表现为浅灰褐色病斑，多个病斑汇合成不规则病斑，病部可

图2-27　鸡冠刺桐炭疽病症状
A、B：叶片点状病斑；C、D：叶片浅灰褐色病斑；E、F：枝条受害状；G、H：接种症状

见白色菌丝体，其上密布橘红色颗粒状子实体即病原菌的分生孢子盘。

【病原菌】引起该病的病原菌为暹罗炭疽菌（*Colletotrichum siamense*）（图2-28）。

在PDA培养基上培养，菌落圆形，边缘整齐，初期白色，后期个别菌落出现扇变现象。分生孢子盘产于病斑或培养基中，呈小黑粒状；分生孢子着生在分生孢子梗顶端的产孢细胞上，椭圆形或圆柱形，单胞，无色透明，大小为（14.2 ~ 18.6）μm ×（3.8 ~ 5.4）μm；分生孢子萌发或菌丝伸长时遇硬物易产生近圆形或不规则形附着孢，附着孢暗褐色，不规则状，大小为（8.0 ~ 11.8）μm ×（4.8 ~ 6.0）μm。

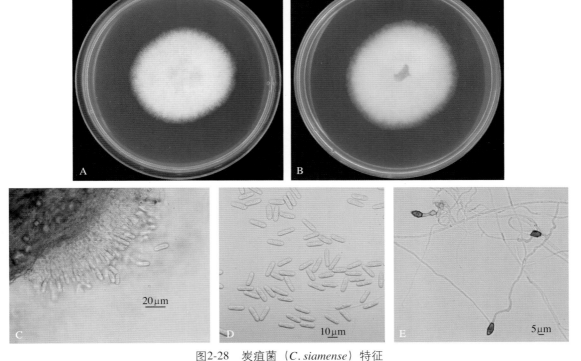

图2-28　炭疽菌（*C. siamense*）特征
A：菌落正面；B：菌落背面；C：分生孢子盘和分生孢子；D：分生孢子；E：菌丝体和附着孢

## 第五节　降香黄檀病害

降香黄檀（*Dalbergia odorifera* T. chen）别名黄花梨、花梨木，属蝶形花科（Papilionaceae）黄檀属（*Dalbergia*）乔木，为海南特有树种，目前已被国家林业部列为一级珍稀、濒危植物，常见病害为炭疽病（*Colletotrichum* spp.）、叶枯病（*Phomopsis asparagi*）和黑痣病（*Phyllachora dalbergiicola*）。永兴岛调查到的降香黄檀病害有炭疽病和黑痣病。

## 一、降香黄檀炭疽病

【症状】该病主要危害叶片。发病初期为褐色小斑点，病斑不断扩大形成大小不一、不规则的褐色斑，病斑互相连接成大病斑，叶尖受害形成褐色尖枯。发病后期病斑中央组织变为浅褐色至灰白色，具有轮纹，可见黑色小点即为病原菌的分生孢子盘。受害叶片易皱缩，早脱落（图2-29）。

【病原菌】引起该病的病原菌为炭疽菌（*Colletotrichum* sp.）（图2-30）。

分生孢子盘产于病斑的黑色颗粒中，分生孢子盘近圆形，分生孢子梗无色，圆柱形，分生孢子单胞无色，椭圆形或两端钝圆的圆柱形。

图2-29　降香黄檀炭疽病症状
A：整株受害状；B：叶片受害状

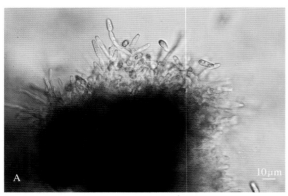
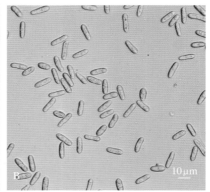

图2-30　炭疽菌（*Colletotrichum* sp.）特征
A：分生孢子盘；B：分生孢子

## 二、降香黄檀黑痣病

【症状】该病主要危害叶片，严重时也可危害枝条和果荚。发病初期叶片变黄色，并产生黑色小斑点，随后在叶片表面形成一层凸起的像痣一样的黑色盾片（即病原菌的子座），严重时盾片连成一片形成不规则的黑色凸起，严重影响光合作用，导致叶片枯死提早脱落（图2-31）。

【**病原菌**】引起该病的病原菌为黄檀黑痣菌（*Phyllachora dalbergiicola*）（图2-32）。

子座群生或散生于叶片的表皮下，圆盾形、黑色；子囊壳球形、扁球形或近圆形；子囊呈棍棒状、圆柱形，单壁、无色，有的子囊外部包围着一层黏滞的外壳，有的子囊具有短柄；子囊孢子长椭圆形，无色至淡黄色，整齐排列，斜单列或近双列，单胞、有颗粒状内含物，大小（11.5 ～ 13.6）μm×（6.0 ～ 7.5）μm。

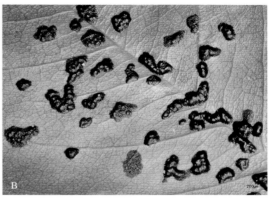

图2-31　降香黄檀黑痣病症状
A：叶片受害状；B：叶片受害局部症状

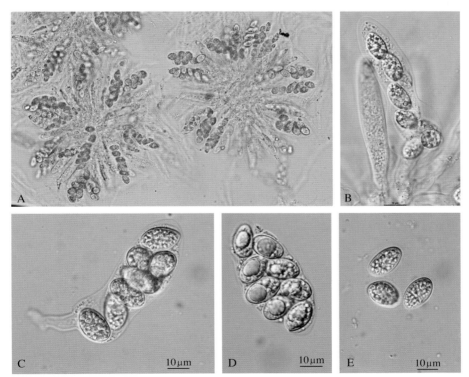

图2-32　黄檀黑痣菌（*P. dalbergiicola*）特征
A：子座与子囊；B～D：子囊与子囊孢子；E：子囊孢子

# 第六节　绿萝病害

绿萝（*Epipremnum aureum*）为天南星科（Araceae）麒麟叶属（*Epipremnum*）的藤本植物。原产所罗门群岛，现作为室内、室外观赏植物大量栽培。已报道的病害有炭疽病（*Colletotrichum gloeosporioides*）、根腐病（*Rhizoctonia solani*）、疫病（*Phytophthora* spp.）和细菌性萎蔫病（*Ralstonia solanacearum*）等。永兴岛调查到的绿萝病害有炭疽病和叶斑病。

## 一、绿萝炭疽病

【症状】该病主要危害叶片，发病初期在叶片上出现红褐色或黑褐色近圆形斑点，病斑周围有黄色晕圈，病斑扩大后形成近圆形至不规则形褐色坏死斑，病健交界明显，病斑上有时具有同心轮纹，保湿后病斑上产生大量黑色小颗粒，即病原菌的分生孢子盘（图2-33）。

【病原菌】引起该病的病原菌为炭疽菌（*Colletotrichum gloeosporioides*）（图2-34）。

在PDA培养基上菌落初期白色，后期灰白色至灰色，有散变现象，边缘整齐；气生菌丝绒毛状，后期在菌落背面橙红色至灰黑色；分生孢子在分生孢子盘或从菌丝顶端产生，分生孢子梗短，顶端稍细，成排生长于分生孢子盘中；分生孢子椭圆形或圆柱形，单胞，无色透明，内含物颗粒状，有1～2个油滴。

图2-33　绿萝炭疽病症状
A：整体受害状；B：叶片受害状

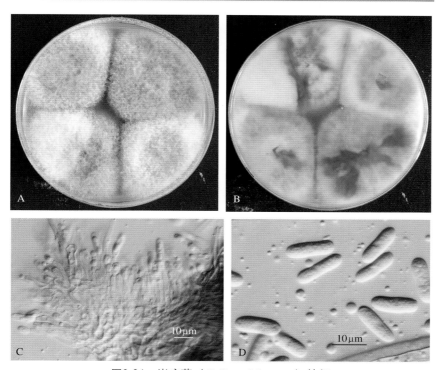

图2-34　炭疽菌（*Colletotrichum* sp.）特征
A：菌落正面；B：菌落背面；C：分生孢子盘；D：分生孢子

## 二、绿萝叶点霉叶斑病

【**症状**】该病主要危害叶片，发病初期呈不规则形、水渍状褪绿色病斑，随后扩展相互汇合形成不规则形、中央深灰色、边缘深褐色病斑，病健交界处呈水渍状（图2-35）。

【**病原菌**】引起该病的病原菌为叶点霉（*Phyllosticta* sp.），其有性世代为球座菌（*Guignardia* sp.）（图2-36）。

图2-35　绿萝叶点霉叶斑病症状
A：整体受害状；B：叶片受害状

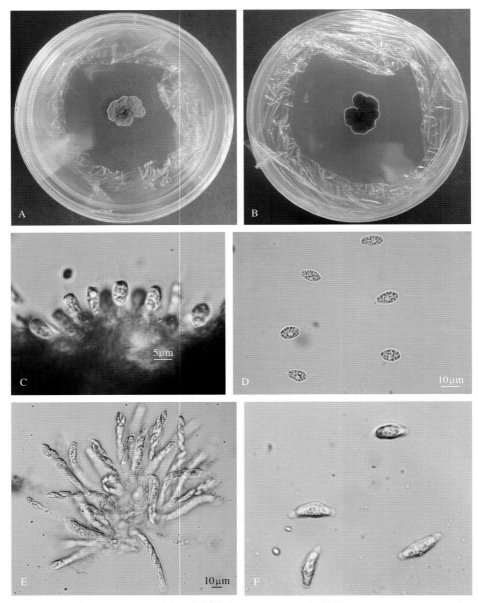

图2-36　叶点霉（*Phyllosticta* sp.）特征
A：菌落正面；B：菌落背面；C：分生孢子器和分生孢子；D：分生孢子；E：子囊；F：子囊孢子

　　该菌在PDA培养基上生长缓慢，菌落深绿色至黑橄榄色，边缘不规则，气生菌丝致密，表面呈颗粒状，在培养基上既产生无性世代，也产生有性世代。分生孢子器黑褐色，分生孢子无色、单胞、近椭圆形，具有一附属丝；子囊棒状，内含8个子囊孢子，子囊孢子无色、单胞、梭形，略弯曲。

# 第七节 其他园艺植物病害

## 一、印度榕炭疽病

印度榕（*Ficus elastica*）为桑科榕属的高大乔木。原产不丹、锡金、尼泊尔、印度东北部（阿萨姆）、缅甸、马来西亚（北部）、印度尼西亚等地，目前在我国多地种植。报道病害有炭疽病（*Colletotrichum elasticae*）、枯枝病（*Phoma* sp.）和灰霉病（*Botrytis cinerea*）等。永兴岛调查到的印度榕病害有炭疽病。

**【症状】** 该病主要危害叶片，从叶尖或叶片任何部位开始发病。发病初期病斑为红褐色略带水渍状小斑点，后扩大为中央灰白色、边缘黑褐色的不规则大斑，后期病斑略呈同心轮纹，并密生黑色小点即病原菌的分生孢子盘（图2-37）。

**【病原菌】** 引起该病的病原菌为炭疽菌（*Colletotrichum* sp.）（图2-38，图2-39）。

在PDA培养基上菌落圆形，白色，边缘整齐，气生菌丝绒毛状；后期菌落浅灰白色，培养基背面浅黄色并具有灰色小点；分生孢子从分生孢子盘的分生孢子梗上产生，分生孢子盘黑色，分生孢子梗不分枝，短棒状、无色透明，分生孢子长椭圆形或圆柱形，单胞，无色透明，大小为（13.11 ～ 16.69）μm（约15.03 μm）× （3.06 ～ 4.97）μm（约4.27 μm）。

图2-37 印度榕炭疽病症状

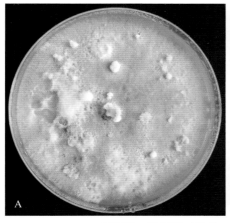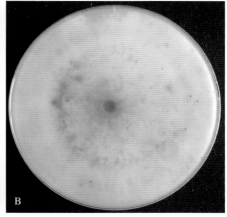

图2-38 炭疽菌（*Colletotrichum* sp.）菌落特征

A：菌落正面；B：菌落背面

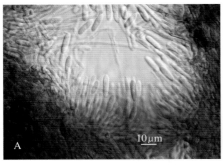
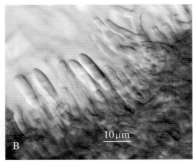
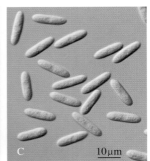

图2-39 炭疽菌（*Colletotrichum* sp.）孢子特征
A、B：分生孢子盘、产孢细胞和分生孢子；C：分生孢子

## 二、刺桐炭疽病

刺桐（*Erythrina variegata*）为豆科（Leguminosae）刺桐属（*Erythrina*）落叶高大乔木。原产于印度至大洋洲海岸林中，世界各国多有栽植。我国台湾、福建、广东、广西、海南等省区均有栽培。已报道的刺桐病害有由 *Colletotrichum gloeosporioides*、*Altemaria* sp.、*Phyllosticta* sp.、*Meliola* sp.等引起的叶斑病和 *Fusarium* sp.等引起根茎、主干坏死。永兴岛调查到的刺桐病害有炭疽病。

【症状】该病主要危害叶片，多从叶尖、叶缘开始发病，形成圆形、近圆形或不规则形、稍凹陷病斑，病斑黄褐色至深褐色，偶现轮纹，病、健部分界明显（图2-40）。

【病原菌】引起该病的病原菌为炭疽菌（*Colletotrichum* sp.）（图2-41）。

在PDA培养基上菌落圆形，白色，边缘整齐，气生菌丝绒毛状；后期菌落浅灰白色，散变部位菌落灰色，培养基背面浅橙红色或灰色；分生孢子从菌丝上产生，短椭圆形或圆柱形，单胞，无色透明。

图2-40 刺桐炭疽病症状
A：整株症状；B：叶片症状

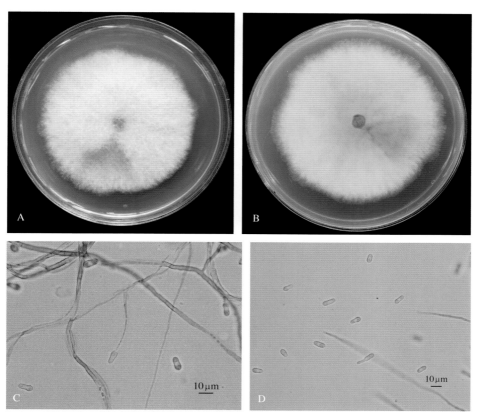

图2-41 炭疽菌（*Colletotrichum* sp.）特征
A：菌落正面；B：菌落背面；C：菌丝和分生孢子；D：分生孢子

### 三、鹅掌柴炭疽病

鹅掌柴（*Schefflera octophylla*）属五加科（Araliaceae）鹅掌柴属（*Schefflera*）的灌木或乔木。原产大洋洲、中国东南部以及南美洲等地的亚热带雨林，现广泛种植于世界各地，用于公园、花坛、路边的绿化或盆栽置于庭园和室内观赏。国内外报道的鹅掌柴病害有炭疽病（*Colletotrichum gloeosporioides*）和叶疫病。永兴岛调查到的鹅掌柴病害有炭疽病。

【症状】该病主要危害叶片，多在叶尖、叶缘发病。发病初期水渍状、灰褐色、近圆形至不规则形，边缘有黄色晕圈，随后病斑扩展，病健交界深褐色，中央灰白色，具有轮纹，可见黑色小点即为病原菌的分生孢子盘。受害叶片易脱落（图2-42）。

【病原菌】引起该病的病原菌为炭疽菌（*Colletotrichum* sp.）（图2-43）。

在PDA培养基上菌落圆形，白色，边缘整齐；气生菌丝绒毛状，后期在菌落浅灰白色至灰绿色，培养基背面略显灰绿色至橙黄色；分生孢子从菌丝体顶端产生，椭圆形或圆柱形，单胞，无色透明。

图2-42　鹅掌柴炭疽病症状
A：整株症状；B：叶片症状

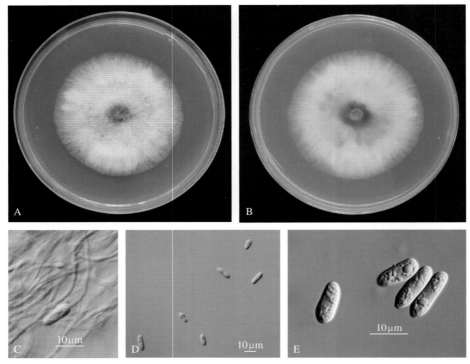

图2-43　炭疽菌（*Colletotrichum* sp.）特征
A：菌落正面；B：菌落背面；C：菌丝体和分生孢子；D、E：分生孢子

## 四、白兰炭疽病

白兰（*Michelia alba*）是木兰科（Magnoliaceae）含笑属（*Michelia*）的常绿乔木，又名白玉兰、缅桂花、白缅花等。原产印度尼西亚，中国海南等南方各省、自治区均有栽培。已报道的白兰病害有炭疽病（*Colletotrichum gloeosporioides*、*Colletotrichum siamense*）、链格孢叶斑病（*Alternaria* sp.）和疫病（*Phytophthora capsici*）等。永兴岛调查到的白兰病害有炭疽病。

【**症状**】该病主要危害叶片，多从叶尖、叶缘开始发病，病斑红褐色，边缘有黄色晕圈；发病后期病斑上可见黑色颗粒状物即病原菌的分生孢子盘（图2-44）。

【**病原菌**】引起该病的病原菌为炭疽菌（*Colletotrichum* sp.）（图2-45）。

在PDA培养基上菌落圆形，白色，边缘整齐；气生菌丝绒毛状，后期在菌落浅灰白色，培养基背面略显橙红色；分生孢子从分生孢子盘的分生孢子梗上产生，分生孢子梗不分枝，短棒状、无色透明，分生孢子椭圆形或圆柱形，单胞，无色透明。

图2-44 白兰炭疽病症状
A：整株症状；B、C：叶片症状

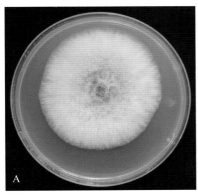
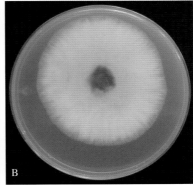

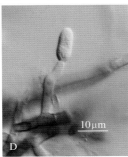
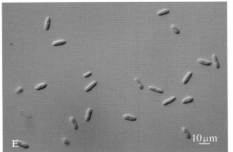
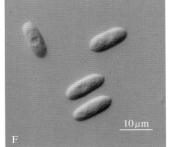

图2-45 炭疽菌（*Colletotrichum* sp.）特征
A：菌落正面；B：菌落背面；C：分生孢子盘、分生孢子梗和分生孢子；D：分生孢子梗和分生孢子；E、F：分生孢子

### 五、朱槿炭疽病

朱槿（*Hibiscus rosa-sinensis*）是锦葵科（Malvaceae）木槿属（*Hibiscus*）的常绿灌木或小乔木。又名扶桑，大红花，桑模，状元红。分布于我国广东、云南、台湾、福建、广西、四川、海南等省（自治区）。国外报道的病害有枯萎病（*Choanephora infundibulifera*）、茎腐病（*Sclerotium rolfsii*）和叶斑病（*Phyllosticta dioscoreae*）等真菌病害、细菌性叶斑病（*Pseudomonas syringae* pv. *hibisci*）和病毒病（Hibiscus chlorotic ringspot）；国内报道的病害有朱槿曲叶病（Cotton leaf curl Multan virus）和茎腐病（*Lasiodiplodia theobromae*）。永兴岛调查到的朱瑾病害有炭疽病。

【症状】该病主要危害叶片，多从叶尖、叶缘开始发病，病部红褐色，边缘有黄色晕圈；发病后期病斑上分布着黑色颗粒状物即病原菌的分生孢子盘（图2-46）。

【病原菌】引起该病的病原菌为炭疽菌（*Colletotrichum* sp.）（图2-47，图2-48）。

在PDA培养基上菌落圆形，白色，边缘整齐；气生菌丝绒毛状，后期在菌落浅灰白色；分生孢子从菌丝顶端产生，椭圆形或圆柱形，单胞，无色透明。

图2-46 朱瑾炭疽病症状

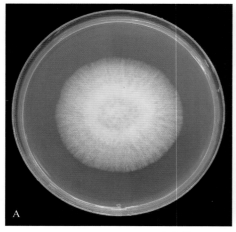
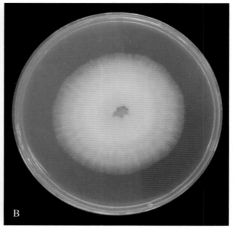

图2-47 炭疽菌（*Colletotrichum* sp.）菌落特征
A：菌落正面；B：菌落背面

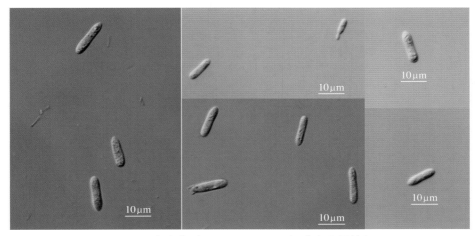

图2-48 炭疽菌（*Colletotrichum* sp.）分生孢子特征

## 六、夹竹桃灰星病

夹竹桃（*Nerium indicum*）为夹竹桃科（Apocynaceae）夹竹桃属（*Nerium*）的常绿大灌木，原产于印度、伊朗和尼泊尔，中国南方广泛分布，常在公园、景区、道路旁或河旁、湖边栽培，常被用作绿篱。国内外报道的夹竹桃病害有灰星病（*Cercospora neriella*）、叶斑病（*Cerecospora nerrii-indici*、*Stemphylium botryosum*）、黑斑病（*Alternaria* sp.）、煤污病（*Capnodium* sp.）、花腐病（*Botrytis cinerea*）和丛枝病等。永兴岛调查到的夹竹桃病害有灰星病。

【症状】该病主要危害叶片，多从叶尖、叶缘开始发病。发病初期，出现紫红色、圆形或不规则形病斑，随着病斑扩展，病健交界处红褐色，中央灰白色，并可见隆起的轮纹，严重时在病斑两面产生小黑点，叶片枯萎脱落（图2-49）。

【病原菌】引起该病的病原菌为尾孢菌（*Cercospora* sp.）（图2-50）。

从叶片正面病斑上可以镜检出大量分生孢子，分生孢子无色、线形或圆柱形，直或弯曲，有隔膜，基部平切状或倒圆锥形。

图2-49 夹竹桃灰星病症状

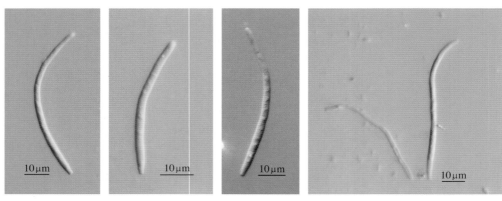

图2-50　尾孢菌（*Cercospora* sp.）分生孢子特征

## 七、剑麻炭疽病

剑麻（*Agave sisalana*）为龙舌兰科（Agavaceae）龙舌兰属（*Agave*）多年生单子叶植物。剑麻原产美洲热带，现在的种植区集中在南北纬30°之间的热带、亚热带地区。我国华南及西南各省区引种栽培。国内外报道的剑麻病害有斑马纹病、炭疽病、茎腐病、紫色卷叶病、条纹病、黑斑病、褐斑病、溃疡病和根结线虫病等10余种。永兴岛调查到的剑麻病害有炭疽病。

【症状】该病主要危害叶片，在叶片的正反面均可发生。发病初期出现水渍状、暗绿色或黑褐色、近圆形或椭圆形、略凹陷的病斑，病斑扩大后转为黑褐色干枯，有时呈同心轮纹状，其上散生黑色小点，即为病原菌的分生孢子盘（图2-51）。

【病原菌】引起该病的病原菌为炭疽菌（*Colletotrichum* sp.）（图2-52）。

在PDA培养基上菌落圆形、白色、边缘菌丝稀疏；气生菌丝厚、绒毛状，培养基背面白色，分生孢子从菌丝顶端产生，椭圆形或圆柱形，单胞，无色透明。

图2-51　剑麻炭疽病症状
A：整株症状；B：叶片症状

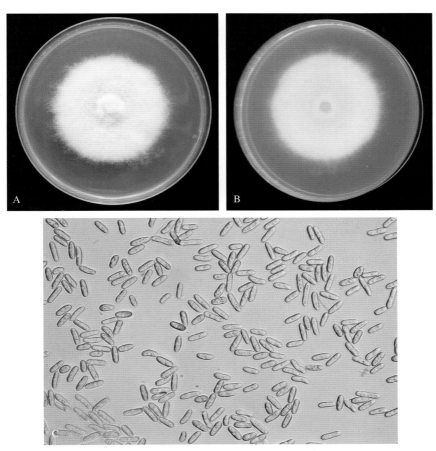

图2-52 炭疽菌（*Colletotrichum* sp.）特征
A：菌落正面；B：菌落背面；C：分生孢子

## 八、合果芋炭疽病

合果芋（*Syngonium podophyllum*），又名箭叶芋，是天南星科（Araceae）合果芋属（*Syngonium*）的多年生常绿攀缘草本植物，原产于中南美洲热带地区，现在全世界广泛栽培，主要应用于室内盆栽观赏、室外半荫处作地被覆盖以及设立绿色支柱造型等。报道的合果芋病害相对较少，主要为叶斑病和灰霉病危害。永兴岛调查到的合果芋病害有炭疽病。

【症状】该病主要危害叶片，发病初期形成近圆形或不规则形的浅褐色病斑，随后扩展相互汇合形成不规则形病斑，病斑边缘常具有黄色晕圈，病健交界处褐色，病斑中心呈灰白色，有时具有同心轮纹（图2-53）。

【病原菌】引起该病的病原菌为炭疽菌（*Colletotrichum* sp.）（图2-54）。

在PDA培养基上菌落圆形，白色，边缘整齐；气生菌丝绒毛状，后期在菌落背面浅粉红色；分生孢子从分生孢子盘或菌丝顶端产生，椭圆形或圆柱形，单胞，无色透明，内含物颗粒状，有1～2个油滴。

图2-53　合果芋炭疽病症状
A：整体受害状；B：叶片受害状

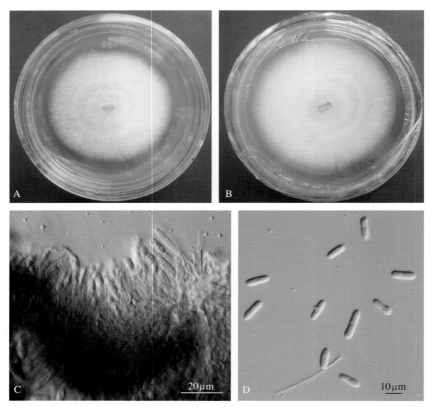

图2-54　炭疽菌（*Colletotrichum* sp.）特征
A：菌落正面；B：菌落背面；C：分生孢子盘；D：分生孢子

## 九、水鬼蕉炭疽病

水鬼蕉（*Hymenocallis littoralis*）又称蜘蛛兰、蜘蛛百合、海水仙等，是一种石蒜科（Amaryllidaceae）蜘蛛兰属（*Hymenocallis*）多年生球根花卉植物；原产于热带美洲，主要分布在南美洲和东南亚国家的热带丛林地区；在我国的海南、广东、广西、福建、云南和重庆等地也有大面积栽培。报道发现，水鬼蕉受病原真菌危害重，严重影响了水鬼蕉的观赏价值和药用价值。炭疽菌（*Colletotrichum* spp.）、拟盘多毛孢菌（*Pestalotiopsis* spp.）等均可在水鬼蕉上造成危害。永兴岛调查到的水鬼蕉病害有炭疽病。

【症状】该病主要危害叶片，发病初期出现点状、赭红色或褐色病斑，随着病情进一步发展，病斑进一步扩大，略凹陷，边缘有淡黄晕圈。病斑中央有时会产生橘红分生孢子堆或黑色的分生孢子盘（图2-55）。

【病原菌】引起该病的病原菌为炭疽菌（*Colletotrichum* sp.）（图2-56）。

在PDA培养基上菌落圆形，白色，边缘整齐；气生菌丝绒毛状，后期在菌落上产生大量的粉红色小点即病原菌的分子孢子堆；分生孢子从分生孢子盘或菌丝顶端产生，椭圆形或圆柱形，单胞，无色透明，内含物颗粒状，有1～2个油滴。

图2-55　水鬼蕉炭疽病症状
A：整体受害状；B：叶片受害状

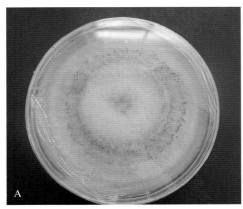
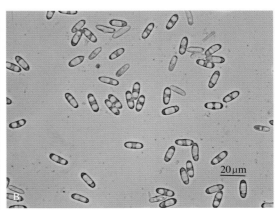

图2-56　炭疽菌（*Colletotrichum* sp.）特征
A：在PDA培养基上的菌落；B：分生孢子

## 十、琴叶珊瑚煤烟病

【症状】该病主要危害枝条和叶片，形成黑色煤烟状物，布满枝条、叶柄和叶面，严重时到处布满黑色霉层。该煤层可擦除干净。蚧壳虫等危害时易产生（图2-57）。

【病原菌】引起该病的病原菌为枝孢菌（*Cladosporium* sp.）（图2-58）。

该菌在PDA培养基上生长缓慢，菌落正面深灰白色，有皱褶，表面菌丝浅绒毛状，背面中央黑色，向外颜色渐浅，有裂纹；菌落边缘呈白色。分生孢子梗褐色，细长，且分支，有产孢痕；分枝分生孢子褐色，近圆柱形、圆柱形或近卵圆形，0～1个隔膜，有产孢痕，顶端分生孢子褐色，链生，卵圆形或近球形。

图2-57　琴叶珊瑚煤烟病症状

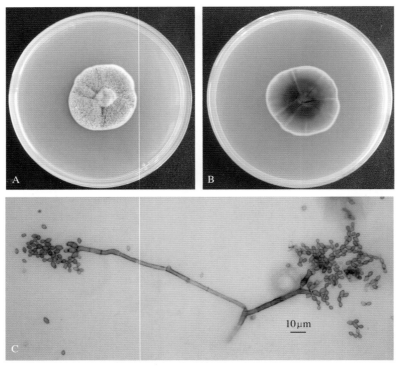

图2-58　枝孢菌（*Cladosporium* sp.）特征
A：菌落正面；B：菌落背面；C：分生孢子梗和分生孢子

### 十一、印度紫檀煤烟病

【症状】该病主要危害枝条和叶片，形成黑色煤烟状物，布满枝条、叶柄和叶面，严重时到处布满黑色霉层，导致叶片发黄脱落。该煤层可擦除干净。蚧壳虫等危害时易产生（图2-59）。

【病原菌】引起该病的病原菌为枝孢菌（*Cladosporium* sp.）（图2-60）。

该菌在PDA培养基上生长缓慢，菌落正面灰白色，有皱褶，表面菌丝浅绒毛状，背面中央黑色，向外颜色渐浅，有裂纹；菌落边缘呈白色。分生孢子梗褐色，细长，有产孢痕；分枝分生孢子浅褐色，近圆柱形或纺锤形，有产孢痕，顶端分生孢子浅褐色，链生，卵圆形或纺锤形。

图2-59　印度紫檀煤烟病症状

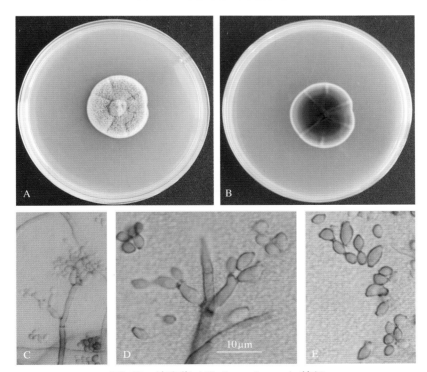

图2-60　枝孢菌（*Cladosporium* sp.）特征
A：菌落正面；B：菌落背面；C、D：分生孢子梗和分生孢子；E：分生孢子

### 十二、基及树煤烟病

【症状】该病主要危害枝条和叶片，形成黑色煤烟状物，布满枝条、叶柄和叶面，严重时到处布满黑色霉层，导致叶片发黄脱落。该煤层可擦除干净。蚧壳虫等危害时易产生（图2-61）。

【病原菌】引起该病的病原菌为枝孢菌（*Cladosporium* sp.）（图2-62）。

该菌在PDA培养基上生长缓慢，菌落正面灰白色，表面菌丝浅绒毛状，背面黑色，有裂纹；菌落边缘呈白色。分生孢子梗褐色，细长，有产孢痕；分枝分生孢子褐色，近圆柱形或纺锤形，有产孢痕，顶端分生孢子褐色，链生，卵圆形或纺锤形。

图2-61　基及树煤烟病症状

图2-62　枝孢菌（*Cladosporium* sp.）特征
A：菌落正面；B：菌落背面；C～E：分生孢子梗和分生孢子

# 第三章　棕榈植物病害

## 第一节　椰子病害

椰子（*Cocos nucifera*）是棕榈科（Palmae）椰子属（*Cocos*）的常绿高大乔木。目前，世界上有90多个国家和地区种植椰子。在我国，主要种植于海南、云南、广东和广西等地，其中海南省种植面积占全国的99%以上。椰子病害种类较多，重要病害包括灰斑病、泻血病、芽腐病、煤烟病等。永兴岛调查到的椰子病害有灰斑病、炭疽病和煤烟病。

### 一、椰子灰斑病

【症状】该病主要危害椰子下部叶，发病初期，可见中央红褐色、边缘橙黄色的小圆点，后扩展成为病斑中心转灰白色、边缘有暗褐色条带和黄色晕圈的条斑，多个条斑汇合成不规则的灰色坏死斑，并在灰白色病部散生椭圆形小黑点（即病原菌子实体）；病害严重时，整张叶片干枯皱缩（图3-1）。

图3-1　椰子灰斑病症状

【病原菌】引起该病的病原菌为棕榈拟盘多毛孢菌（*Pestalotiopsis palmarum*）（图3-2）。分生孢子盘褐色，分生孢子纺锤形、具4个隔膜、隔膜处稍微缢缩、中央3细胞黄褐色至褐色，顶端细胞圆锥形、无色，附属丝多为2根，基细胞倒圆锥形、无色，并具有1根无色中生式短柄。

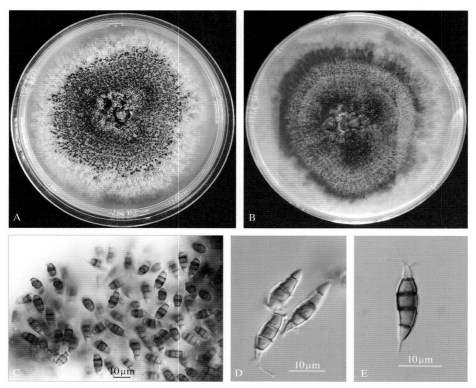

图3-2　棕榈拟盘多毛孢菌（*P. palmarum*）特征
A：菌落正面；B：菌落背面；C：分生孢子盘和分生孢子；D、E：分生孢子

## 二、椰子炭疽病

图3-3　椰子炭疽病症状

【症状】该病主要危害叶片。发病初期，叶片上出现淡褐色小点，后扩大为圆形、椭圆形至不规则形、正面黑褐色、背面颜色稍浅，具黄色晕圈的小病斑；病斑扩大后相互融合，造成中央灰褐色、边缘红褐色枯死；叶尖或叶缘受害后造成灰褐色枯死。在灰褐色病斑处散生灰黑色小颗粒，即为病原菌的分生孢子盘（图3-3）。

【病原菌】引起该病的病原菌为炭疽菌（*Colletotrichum gloeosporioides*）（图3-4）。

在PDA培养基上菌落初期白色，边缘整齐，气生菌丝绒毛状，后期灰白色至灰色，有散变现象，菌落背面橙红色或黑灰色。分生孢子盘黑褐色，分生孢子梗无色透明、表明光滑、不分枝，成排排列于分生孢子盘中；分生孢子椭圆形或圆柱形、无色透明、单胞、内含物颗粒状，常有1～2个油球。

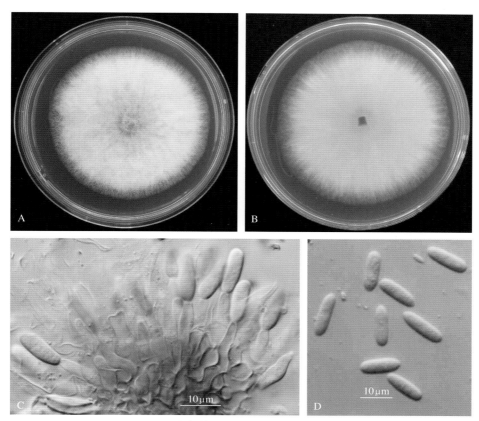

图3-4　炭疽菌（*C. gloeosporioides*）特征
A：菌落正面；B：菌落背面；C：分生孢子盘、分生孢子梗和分生孢子；D：分生孢子

## 三、椰子煤烟病

【症状】该病主要危害叶片，形成黑色煤烟状物，布满叶柄和叶面，严重时到处布满黑色霉层，导致叶片变黄。该煤层可擦除干净。蚧壳虫等危害时易产生（图3-5）。

图3-5　椰子煤烟病症状

【病原菌】引起该病的病原菌为枝孢菌（*Cladosporium* sp.）（图3-6）。
该菌在PDA培养基上生长缓慢，菌落正面灰白色，有皱褶，表面菌丝浅绒毛状，背面中央黑色，向外颜色渐浅，有裂纹；菌落边缘呈白色。分生孢子梗褐色，细长，有产孢痕；分枝分生孢子褐色，近圆柱形或纺锤形，有产孢痕，顶端分生孢子褐色，链生，近圆形或纺锤形。

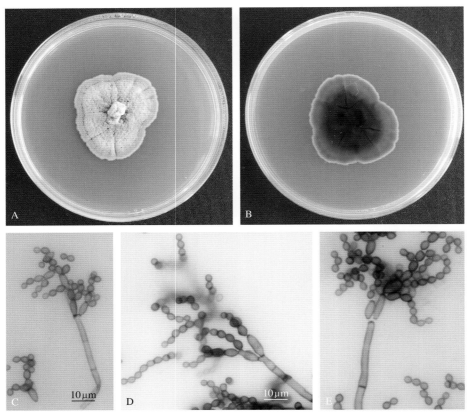

图3-6　枝孢菌（*Cladosporium* sp.）特征
A：菌落正面；B：菌落背面；C～E：分生孢子梗和分生孢子

## 第二节　鱼尾葵病害

短穗鱼尾葵（*Caryota mitis*）为棕榈科（Palmae）鱼尾葵属（*Caryota*）的多年生常绿小乔木，是一种重要的园林景观树种。报道的鱼尾葵病害有炭疽病（*Colletotrichum* sp.）、芽腐病（*Phytophtora palmivora*）和灰斑病（*Pestalotiopsis palmarum*）等。永兴岛调查到的鱼尾葵病害有炭疽病、灰斑病和拟茎点褐纹斑病。

### 一、鱼尾葵炭疽病

【症状】该病主要危害叶片，发病初期，叶片上出现淡褐色小点，后扩大为椭圆形至不规则形小病斑，正面灰褐色至黑褐色，背面颜色稍浅，具黄色晕圈；后期病斑相互融合，造成叶尖或叶缘灰褐色至黑褐色枯死，其上可散生黑色小颗粒，为病原菌的分生孢子盘（图3-7）。

图3-7 鱼尾葵炭疽病症状

【病原菌】引起该病的病原菌为炭疽菌（*Colletotrichum gloeosporioides*）（图3-8）。

分生孢子盘黑褐色，分生孢子梗短、顶端稍尖，成排排列于分生孢子盘中；分生孢子椭圆形或圆柱形、单胞、无色透明、内含物颗粒状。

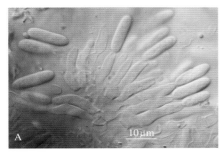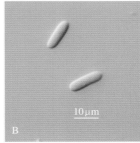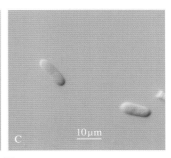

图3-8 炭疽菌（*C. gloeosporioides*）特征
A：分生孢子盘、分生孢子梗和分生孢子；B、C：分生孢子

## 二、鱼尾葵灰斑病

【症状】该病主要危害叶片，发病初期在叶片上产生近圆形或不规则形黄褐色病斑，病斑扩展形成病健交界处黄褐色、病部中央灰白色的条状至不规则状斑，并在灰白色病部散生椭圆形小黑点（即病原菌子实体）（图3-9）。

图3-9 鱼尾葵灰斑病症状

【病原菌】引起该病的病原菌为棕榈拟盘多毛孢菌（*Pestalotiopsis palmarum*）（图3-10）。

分生孢子纺锤形、具4个隔膜、隔膜处稍微缢缩、中央3细胞黄褐色至褐色，顶端细胞圆锥形、无色，附属丝多为2根，基细胞倒圆锥形、无色。

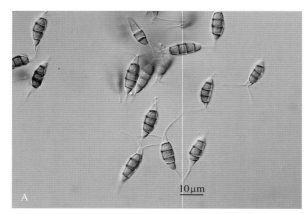

图3-10　棕榈拟盘多毛孢菌（*P. palmarum*）特征

### 三、鱼尾葵拟茎点褐纹斑病

【症状】该病主要危害叶片，多从叶尖叶缘开始感病，病斑红褐色，病斑逐渐扩展联合，病部呈褐色不规则条纹状（图3-11）。

【病原菌】引起该病的病原菌为拟茎点霉（*Phomopsis* sp.）（图3-12）。

该菌在PDA上菌落薄绒状，边缘较平整，初期白色，后变为浅黄褐色，菌落表面产生大量黑色小颗粒状物即病原菌的分生孢子器，分生孢子器中仅观察到β型分生孢子，β型分生孢子线形、一端呈钩状、无色、单胞。

图3-11　鱼尾葵拟茎点褐纹斑病症状

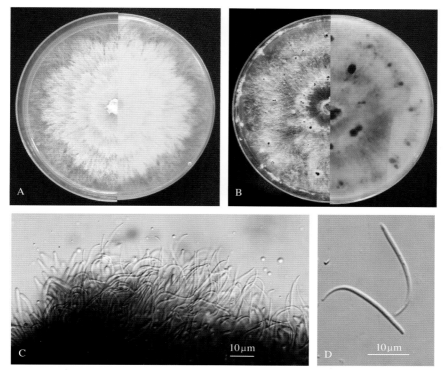

图3-12　拟茎点霉（*Phomopsis* sp.）特征
A：早期菌落（左：正面，右：背面）；B：后期菌落（左：正面，右：背面）；
C：分生孢子器和分生孢子；D：β型分生孢子

# 第三节　林刺葵病害

林刺葵（*Phoenix sylvestris* Roxb.）为棕榈科（Arecaceae）刺葵属（*Phoenix*）乔木，原产于印度、缅甸。海南、广东、广西、福建、云南等省区有引种栽培。已经报道的林刺葵病害有炭疽病（*Colletotrichum gloeosporioides*）、灰斑病（*Pestalotiopsis palmarum*）、枯萎病（*Fusarium solani*）、小球腔菌叶斑病（*Leptosphaeria phoenix*）、褐斑病（*Alternaria alternata*）、茎枯病（*Coniothyrium palmarum*）、萎缩病（*Thielaviopsis aethacetica*）、黑粉病（*Graphiola phoenicis*）、射盾孢菌叶斑病（*Actinopelte* sp.）和帚梗柱孢霉叶斑病（*Cylindrocladium* sp.）等。永兴岛调查到的林刺葵病害有炭疽病。

### 林刺葵炭疽病

【症状】该病主要危害叶片，散布于叶片上。发病初期，叶片上出现淡褐色小点，后扩大为圆形、椭圆形至不规则形、正面黑褐色、背面颜色稍浅，具黄色晕圈的小病斑；病斑扩大后相互融合，造成中央灰褐色、边缘红褐色枯死；叶尖或叶缘受害后造成灰褐色枯死。在灰褐色病斑散生灰黑色小颗粒，即为病原菌的分生孢子盘（图3-13）。

【病原菌】引起该病的病原菌为炭疽菌（*Colletotrichum gloeosporioides*）（图3-14）。

在PDA培养基上菌落初期白色，边缘整齐，气生菌丝绒毛状，后期灰白色至灰色，分布橙红色孢子堆，菌落背面白色。分生孢子盘碟形，黑褐色，分生孢子梗无色透明、表明光滑、不分枝，成排排列于分生孢子盘中；分生孢子椭圆形或圆柱形、无色透明、单胞、内含物颗粒状。

图3-13　林刺葵炭疽病症状

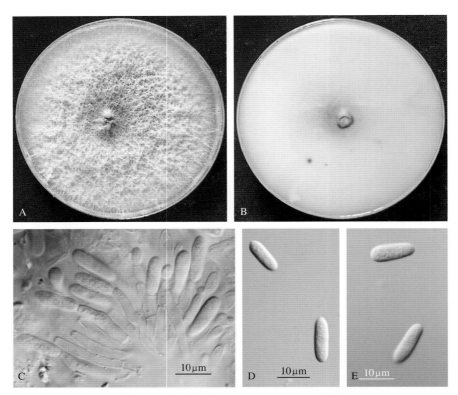

图3-14　炭疽菌（*C. gloeosporioides*）特征
A：菌落正面；B：菌落背面；C：分生孢子盘、分生孢子梗和分生孢子；D、E：分生孢子

# 第四章 水果蔬菜病害

## 第一节 水果病害

　　永兴岛种植水果种类包括香蕉、芒果、荔枝、毛叶枣、番樱桃和番木瓜等，除番樱桃有成片栽培外，其他水果仅零星种植，因此病害种类相对较少，调查的病害有香蕉黑星病和炭疽病、芒果炭疽病、荔枝炭疽病、毛叶枣煤烟病、番樱桃煤烟病和番木瓜病毒病等。

### 一、香蕉黑星病

　　【症状】该病危害香蕉的叶片和果实，在叶片和叶柄上散生许多深褐色至黑色、突起的小黑点，扩大后形成近圆形黑色的斑块。病斑密生时，叶片变黄，提早干枯。果实受害，多在果背弯曲处的表皮上散生许多的黑褐色小粒，表皮突起且粗糙，影响外观（图4-1）。

　　【病原菌】引起该病的病原菌为香蕉大茎点霉（*Macrophoma musae*）（图4-2）。

图4-1　香蕉黑星病症状

　　该菌分生孢子器黑褐色、扁圆球形，埋生或半埋生于寄主表皮组织内，分生孢子卵圆形、梨形或长椭圆形，单胞，无色，外面具有无色胶质包被，一端常具有一根无色附属丝。

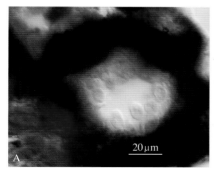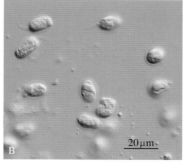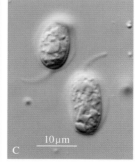

图4-2　香蕉大茎点霉（*M. musae*）特征
A：分生孢子器和分生孢子；B、C：分生孢子

## 二、香蕉炭疽病

【**症状**】该病危害香蕉叶片和成熟果实。叶片受害，病斑中央浅褐色，病健交界褐色，具有边缘不整齐的金黄色晕圈；果实受害，在近成熟或成熟的果面上出现淡褐色小点，随后迅速扩大并联合为近圆形至不规则形暗褐色稍下陷大斑，后期常产生红色黏质小点（图4-3）。

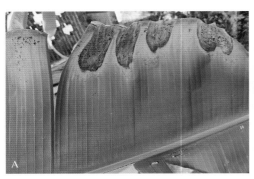

图4-3 香蕉炭疽病症状
A：叶片受害状；B：果实受害状

【**病原菌**】引起该病的病原菌为芭蕉炭疽菌（*Colletotrichum musae*）（图4-4）。

该菌在PDA培养基上呈灰白色，散生黑色分生孢子盘或橙红色点状的黏质分生孢子团；分生孢子盘无刚毛，不形成菌核；产孢细胞细长、无色、不分枝、顶生分生孢子；分生孢子圆柱形，无色。

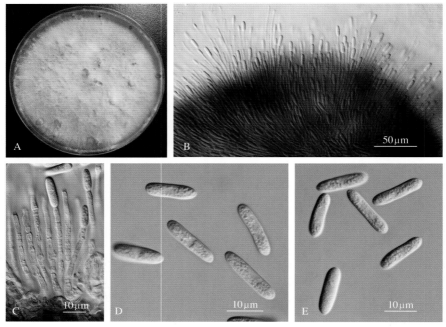

图4-4 芭蕉炭疽菌（*C. musae*）特征
A：菌落形态；B：分生孢子盘、分生孢子梗和分生孢子；C～E：分生孢子

### 三、芒果炭疽病

【症状】该病危害芒果叶片，从叶尖或叶缘开始发病，受害部位红褐色，有时病斑上出现轮纹，且产生黑色小点，病健交界明显，深褐色，具有边缘不整齐的黄色晕圈，严重时叶片脱落（图4-5）。

图4-5　芒果炭疽病症状

【病原菌】引起该病的病原菌为胶孢炭疽菌（*Colletotrichum gloeosporioides*）（图4-6）。

该菌在发病部位上散生黑色分生孢子盘，在PDA培养基上菌落灰白色，并产生黑色分生孢子盘或橙红色点状的黏质分生孢子团；分生孢子盘无刚毛，不形成菌核；产孢细胞无色、不分枝、顶生分生孢子；分生孢子圆柱形或椭圆形，无色，单胞。

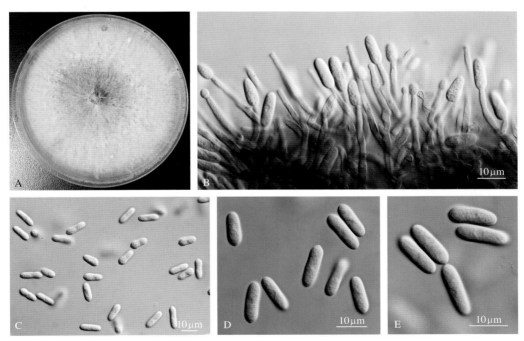

图4-6　胶孢炭疽菌（*C. gloeosporioides*）特征
A：菌落形态；B：分生孢子盘、分生孢子梗和分生孢子；C～E：分生孢子

### 四、荔枝炭疽病

【症状】该病危害荔枝叶片，从叶尖或叶缘开始发病，受害部位浅褐色，病健交界明显，深褐色，严重时叶片脱落（图4-7）。

【病原菌】引起该病的病原菌为胶孢炭疽菌（*Colletotrichum gloeosporioides*）（图4-8）。

在PDA培养基上菌落灰白色，产生橙红色点状的黏质分生孢子团；分生孢子盘无刚毛，不形成菌核；产孢细胞无色、不分枝、顶生分生孢子；分生孢子圆柱形或椭圆形，无色，单胞。

图4-7　荔枝炭疽病症状

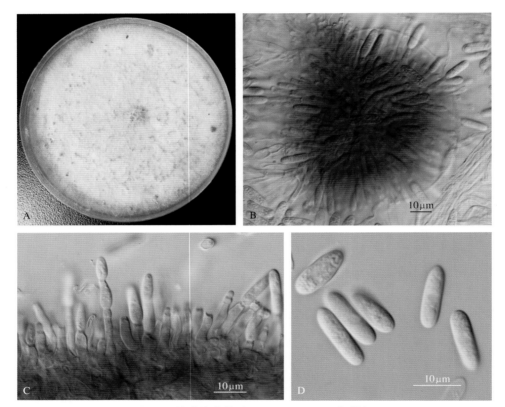

图4-8　胶孢炭疽菌（*C. gloeosporioides*）特征
A：菌落形态；B、C：分生孢子盘、分生孢子梗和分生孢子；D：分生孢子

### 五、毛叶枣煤烟病

【症状】该病主要危害枝条和叶片，形成黑色煤烟状物，布满枝条、叶柄和叶面，严重时到处布满黑色霉层，导致叶片发黄脱落。该煤层可擦除干净（图4-9）。

图4-9 毛叶枣煤烟病症状

【病原菌】引起该病的病原菌为枝孢菌（*Cladosporium* sp.）（图4-10）。

该菌在PDA培养基上生长缓慢，菌落正面深灰色，有皱褶，表面菌丝浅绒毛状，背面中央黑色，向外颜色渐浅，有裂纹；菌落边缘呈白色。分生孢子梗褐色，细长，有产孢痕；分枝分生孢子褐色，近圆柱形或纺锤形，有产孢痕，顶端分生孢子褐色，链生，纺锤形。

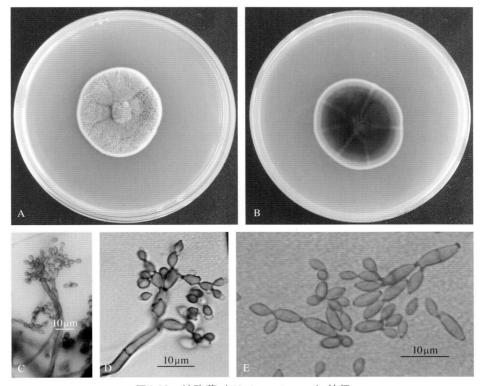

图4-10 枝孢菌（*Cladosporium* sp.）特征
A：菌落正面；B：菌落背面；C、D：分生孢子梗和分生孢子；E：分生孢子

## 六、番樱桃煤烟病

【症状】该病主要危害枝条和叶片，形成黑色煤烟状物，布满枝条、叶柄和叶面，严重

时到处布满黑色霉层。该煤层可擦除干净。蚧壳虫等危害时易产生（图4-11）。

图4-11　番樱桃煤烟病症状

【病原菌】引起该病的病原菌为枝孢菌（*Cladosporium* sp.）（图4-12）。

该菌在PDA培养基上生长缓慢，菌落正面深灰色，有皱褶，表面菌丝浅绒毛状，背面中央黑色，向外颜色渐浅，有裂纹；菌落边缘呈白色。分生孢子梗褐色、细长，有产孢痕；分枝分生孢子褐色，近圆柱形或纺锤形，有产孢痕，顶端分生孢子褐色，链生，圆柱形、椭圆形或纺锤形。

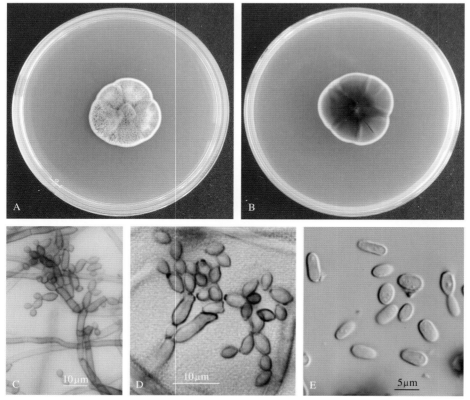

图4-12　枝孢菌（*Cladosporium* sp.）特征
A：菌落正面；B：菌落背面；C、D：分生孢子梗和分生孢子；E：分生孢子

### 七、番木瓜病毒病

【症状】感病番木瓜植株叶片出现花叶、斑驳和褪绿黄化等症状，随后叶片扭曲、畸形，似鸡爪状，新叶变小、密集紧束，失绿并变脆，叶片皱褶不平，易折断。叶柄、茎秆和果实上产生斑点、条纹或同心轮纹状环斑（图4-13）。

【病原菌】引起该病的病原菌为番木瓜环斑病毒（Papaya ringspot virus，PRSV）、番木瓜畸形花叶病毒（Papaya leaf-distortion mosaic virus，PLDMV）等。

图4-13　番木瓜病毒病症状
A：叶片症状；B：果实症状

# 第二节　蔬菜病害

自三沙设市以来，三沙市政府高度重视永兴岛居民如何实现蔬菜自给自足的问题，大棚蔬菜和露地蔬菜均有种植，且种类繁多。调查发现，蔬菜病害的主要种类有辣椒煤烟病、辣椒病毒病、辣椒根结线虫病、番茄煤烟病等。

### 一、辣椒煤烟病

【症状】该病主要危害枝条、叶片和果实，形成黑色煤烟状物，布满枝条、叶面及果面，严重时到处布满黑色霉层，导致叶片发黄脱落，果实早熟（图4-14）。该煤层可擦除干

图4-14　辣椒煤烟病症状

净。粉虱、蚜虫等危害时易产生。

【病原菌】引起该病的病原菌为枝孢菌（*Cladosporium* sp.）（图4-15）。

该菌在PDA培养基上生长缓慢，菌落正面灰白色，有皱褶，表面菌丝浅绒毛状，背面中央黑色，向外颜色渐浅，有裂纹；菌落边缘呈白色。分生孢子梗褐色，细长，有产孢痕；分枝分生孢子褐色，近圆柱形或纺锤形，有产孢痕，顶端分生孢子褐色，链生，近圆形或纺锤形。

图4-15　枝孢菌（*Cladosporium* sp.）特征
A：菌落正面；B：菌落背面；C、D：分生孢子梗和分生孢子

## 二、辣椒病毒病

【症状】辣椒病毒病为全株侵染性病害，表现为畸形、花叶等症状，叶片变细小，凹凸不平，皱缩卷曲，或病叶出现黄绿相间的花叶症状，植株结果少或不结果，且果实僵硬（图4-16）。

【病原菌】辣椒病毒病的病原菌种类多，有黄瓜花叶病毒（CMV）、烟草花叶病毒（TMV）、辣椒斑驳病毒（PepMoV）等，且可能存在两种或多种病毒复合侵染。

图4-16　辣椒病毒病症状

## 三、辣椒根结线虫病

【症状】辣椒根结线虫病危害辣椒的根部，病株根系不发达，主根或侧根膨大，形成许多大小不等、球形或近球形的瘤状物，地上部分生长不良，干旱时易萎蔫（图4-17）。

【病原菌】辣椒根结线虫病的病原菌为根结线虫（*Meloidogyne* sp.）。

图4-17　辣椒根结线虫病症状
A：根部症状；B：整株症状

## 四、番茄煤烟病

【症状】该病主要危害叶片和果实，形成黑色煤烟状物，布满叶柄、叶面和果实，严重时到处布满黑色霉层，导致叶片枯死。该煤层可擦除干净。粉虱等危害时易产生（图4-18）。

【病原菌】引起该病的病原菌为枝孢菌（*Cladosporium* sp.）。

分生孢子梗褐色，细长，有产孢痕；分枝分生孢子褐色，瓶壶状、近圆柱形或纺锤形，有产孢痕，顶端分生孢子褐色，链生，纺锤形或近圆形（图4-19）。

图4-18　番茄煤烟病症状

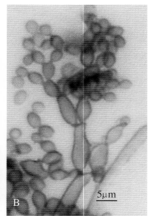
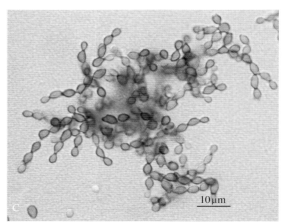

图4-19　枝孢菌（*Cladosporium* sp.）特征
A、B：分生孢子梗和分生孢子；C：分生孢子

# 参考文献

陈瑶, 李航宇, 周德明, 2020. 降香黄檀叶枯病菌的鉴定及其生物学特性. 热带作物学报, 41(5): 1007-1012.

樊改丽, 2018. 棕榈科植物病害研究进展. 湖南林业科技, 45(3): 68-73.

郭桢, 陈勇辉, 姜子德, 2006. 广州地区观赏植物真菌病害鉴定初报. 广东农业科学, 4(4):5-47.

黄旭光, 霍行, 杨思霞, 等, 2021. 朱槿茎腐病病原鉴定. 植物病理学报, 51(3): 469-473.

李建宏, 谢昌平, 王延丽, 等, 2013. 散尾葵拟盘多毛孢叶斑病菌的鉴定. 热带农业科学, 33(2): 62-64, 70.

李敏, 高兆银, 弓德强, 等, 2020. 厚藤尾孢叶斑病病原鉴定. 2020年全国热带作物学术年会会议论文集: 114.

李敏, 高兆银, 弓德强, 等, 2020. 鸡冠刺桐炭疽病病原鉴定. 2020年全国热带作物学术年会会议论文集: 115.

李敏, 高兆银, 洪小雨, 等, 2020. 鸡冠刺桐叶缘枯病病原鉴定及生物学特性研究. 2020年全国热带作物学术年会会议论文集: 116-123.

刘俊延, 陈绪梧, 陆温, 等, 2017. 广西园林植物害虫名录. 广西植保, 30(4): 1-18.

刘倩丽, 周国英, 李河, 等, 2016. 降香黄檀黑痣病菌的快速分子检测. 植物病理学报, 46(1): 135-139.

刘素青, 赵滇庆, 梁国平, 等, 2000. 西双版纳观赏植物病害资源调查名录. 福建热作科技, 4(1): 42-48.

闪瑶, 廖旺姣, 邹东霞, 等, 2020. 广西降香黄檀炭疽病菌的生物学特性分析. 西南农业学报, 33(6): 1197-1202.

韦运谢, 蒲金基, 张贺, 等, 2012. 龙船花赤枯病病原菌鉴定及其生物学特性测定. 中国植保导刊, 32(8): 5-10.

翁容淑, 2009. 由草海桐黄化轮斑病株所分离之胡瓜嵌纹病毒特性之研究. 台湾屏东: 屏东科技大学.

张绍刚, 胡美姣, 李敏, 等, 2020. 矮龙船花枯梢病病原菌 *Lasiodiplodia hormozganensis* 的鉴定. 植物病理学报, https://doi.org/10.13926/j.cnki.apps.000535.

张绍刚, 李敏, 赵超, 等, 2020. 矮龙船花枝枯病病原菌的分离鉴定及生物学特性研究. 2020年全国热带作物学术年会会议论文集: 125-134.

张胜男, 2020. 三角梅炭疽病病原分离与鉴定研究报告. 种子科技, 38(16): 10-11.

张肖肖, 张绍钰, 刘林, 2020. 西双版纳热带植物园锈病的发生及病原菌鉴定初报. 广西植保, 33(3): 5-10.

周婧, 蓝庆江, 唐君海, 等, 2008. 广西热带亚热带植物种质资源寒害调查. 广西热带农业, 4(4): 25-29.

Alves J L, Barreto R W, 2010. *Pseudocercospora ixoricola* causing leaf spots on *Ixora coccinea* in Brazil. Plant Disease, 94(2): 278.

Bagherabadi S, Zafari D, Ghobadi Anvar F, et al, 2018. *Colletotrichum gloeosporioides* sensu stricto, the causal agent of a leaf spot disease of *Schefflera arboricola* in Iran. Mycologia Iranica, 5(1): 29-34.

Banerjee A, Islam S, Middya R, 2017. *Colletotrichum gloeosporioides* causing leaf spot disease on *Ixora coccinea* in West Bengal. Journal of Pharmacognosy and Phytochemistry, 6(6): 1730-1732.

Boa E, Lenn'e J M, 1994. Diseases of nitrogen fixing trees in developing countries. Natural Resources Institute.

Daly A, Hennessy C, 2007. *Mycosphaerella* leaf spot of *Scaevola taccada*. Agnote-Northern Territory of Australia, I68: 2.

García C E, Pons N, de Rojas C B, 1996. *Cercospora* y hongos similares sobre especies de *Ipomoea*. Fitopatología Venezolana, 9(2): 22-36.

Gardner D E, Flynn T W, 1998. *Uredo maua*, sp. nov., and *Uromyces tairae*: Additions to the rust flora of Hawai'i. Mycoscience, 39(3): 343-346.

Jones D R, Behncken G M, 1980. Hibiscus chlorotic ringspot, a widespread virus disease in the ornamental *Hibiscus rosa-sinensis*. Australasian Plant Pathology, 9(1): 4-5.

Kobayashi T, Oniki M, 1994. Circular leaf spot of Bougainvillea caused by *Cercosporidium bougainvilleae* in Indonesia. Japanese Journal of Phytopathology, 60(2): 221-224.

Kumar K, Singh D R, Amaresan N, et al, 2012. Isolation and pathogenicity of *Colletotrichum* spp. causing anthracnose of Indian mulberry (*Morinda citrifolia*) in tropical islands of Andaman and Nicobar, India. Phytoparasitica, 40(5): 485-491.

Li M, Gao Z, Hong X, et al, 2020 . First report of *Colletotrichum siamense* causing anthracnose on *Erythrina crista-galli* in China. Plant Disease, https:// doi:10.1094/pdis-05-20-1080-pdn.

Li M, Gao Z, Zhao K, et al, 2021. First report of *Diaporthe limonicola* causing leaf spot on *Erythrina crista-galli* in China. Journal of Plant Pathology. https://doi.org/10.1007/s42161-021-00855-9.

Li M, Hu M, Gao Z, et al , 2020. First report of *Cercospora* cf. *citrulina* causing leaf spot of *Ipomoea pes-caprae* in China. Plant Disease. doi:10.1094/pdis-05-20-1081-pdn.

Li M, Wang Y, Gong D, et al, 2020. First report of *Neofusicoccum parvum* causing leaf spot of *Scaevola taccada* in China. Journal of Plant Pathology. https://doi.org/10.1007/s42161-020-00628-w.

MacNish G C, 1963. Diseases recorded on native plants, weeds, field and fibre crops in Western Australia. Journal of the Department of Agriculture, Western Australia, 4(6): 401-408.

McKenzie E H C, 2014. Plant associated fungi from Nauru, South Pacific. Plant Pathology & Quarantine, 4: 18-21.

Moffett M L, Hayward A C, Fahy P C, 1986. Five new hosts of *Pseudomonas andropogonis* occurring in eastern Australia: host range and characterization of isolates. Plant pathology, 35(1): 34-43.

Palmucci H E, WolcanB S M, 2005. *Bougainvillea glabra* and *Bougainvillea spectabilis*: new hosts of *Glomerella cingulata* in Argentina. Australasian Plant Pathology, 34(4): 615-616.

Phengsintham P, Chukeatirote E, Bahkali A H, et al, 2010. *Cercospora* and allied genera from Laos 3. Cryptogamie, 31(3): 305-322.

Rivas E B, Duarte L M, Alexandre M A V, et al, 2005. A new Badnavirus species detected in Bougainvillea in Brazil. Journal of General Plant Pathology, 71(6): 438-440.

Shivas R G, McTaggart A R, Young A J, et al, 2010. Fungal planet 47. *Zasmidium scaevolicola*, sp. nov. Persoon, 24: 132-133.

Tsai I, Maharachchikumbura S S, Hyde K D, et al, 2018. Molecular phylogeny, morphology and pathogenicity of *Pseudopestalotiopsis* species on *Ixora* in Taiwan. Mycological Progress, 17(8): 941-952.

Wan Z, Liu J A, Zhou G Y, 2018. First report of *Colletotrichum gigasporum* causing anthracnose on *Dalbergia odorifera* in China. Plant Disease,102(3): 679.

Wang Y, Hu M, Li M, et al, 2020. First report of leaf spot on *Scaevola taccada* caused by *Alternaria longipes* in China. Plant Disease, 104(11): 3068.

Wikee S, Udayanga D, Crous P W, et al, 2011. Phyllosticta——an overview of current status of species recognition. Fungal Diversity, 51(1): 43-61.

Wulandari N F, To-Anun C, Hyde K D, 2010. *Guignardia morindae* frog eye leaf spotting disease of *Morinda citrifolia* (Rubiaceae). Mycosphere, 1(4): 325-331.

Zhang S, Hu M, Zhao C, et al, 2020. First report of *Scaevola taccada* leaf spot caused by *Lasiodiplodia hormozganensis* in China. Journal of Plant Pathology. https://doi.org/10.1007/s42161-020-00671-7.

附表　永兴岛植物病害名录

| 序号 | 植物名称 | 病害名称 | 病原菌 | 危害部位 | 严重程度 |
|---|---|---|---|---|---|
| 1 | 草海桐 | 黄斑病 | *Mycosphaerella* sp. | 叶 | ++ |
| | | 假尾孢叶斑病 | *Pseudocercospora coprosmae* | 叶 | + |
| | | 壳梭孢枝枯病 | *Neofusicoccum parvum* | 枝条 | ++ |
| | | 毛色二孢枝枯病 | *Lasiodiplodia theobromae* | 枝条 | ++ |
| | | 褐斑病 | *Alternaria longipes*<br>*Alternaria alternata* | 叶 | + |
| | | 炭疽病 | *Colletotrichum gloeosporioides* | 叶 | + |
| | | 花叶病 | CMV | 叶 | +++ |
| 2 | 海岸桐 | 拟茎点霉叶斑病 | *Phomopsis* sp. | 叶 | + |
| | | 煤烟病 | *Cladosporium* sp. | 叶 | + |
| | | 炭疽病 | *Colletotrichum* sp. | 叶 | + |
| 3 | 海滨木巴戟 | 炭疽病 | *Colletotrichum gloeosporioides* | 叶 | + |
| | | 色二孢叶斑病 | *Lasiodiplodia theobromae* | 叶 | + |
| | | 煤烟病 | *Cladosporium* sp. | 叶 | + |
| 4 | 厚藤 | 尾孢褐斑病 | *Cercospora* cf. *citrulina* | 叶 | ++ |
| | | 色二孢叶斑病 | *Lasiodiplodia theobromae* | 叶 | + |
| | | 拟茎点霉褐斑病 | *Phomopsis* sp. | 叶 | + |
| | | 链格孢叶斑病 | *Alternaria* spp. | 叶 | + |
| | | 叶点霉叶斑病 | *Phyllosticta* sp. | 叶 | + |
| 5 | 银毛树 | 色二孢枝枯病 | *Lasiodiplodia theobromae* | 枝条 | ++ |
| | | 拟茎点霉枝枯病 | *Phomopsis* sp. | 枝条 | + |
| 6 | 橙花破布木 | 叶斑病 | *Fusarium* sp. | 叶 | + |
| 7 | 大叶榄仁 | 大茎点叶斑病 | *Macrophoma* sp. | 叶 | + |
| 8 | 抗风桐 | 炭疽病 | *Colletotrichum* sp. | 叶 | + |
| | | 拟茎点霉叶斑病 | *Phomopsis* sp. | 叶 | + |
| 9 | 蒺藜 | 煤烟病 | *Cladosporium* sp. | 叶 | +++ |
| 10 | 龙珠果 | 拟茎点霉叶斑病 | *Phomopsis* sp. | 叶 | + |
| 11 | 栾花蟛蜞菊 | 叶斑病 | *Diaporthe* sp.<br>*Nigrospora sphaerica* | 叶 | ++ |
| 12 | 野生露兜 | 叶点霉叶斑病 | *Phyllosticta* sp.<br>*Phomopsis* sp. | 叶 | + |

（续）

| 序号 | 植物名称 | 病害名称 | 病原菌 | 危害部位 | 严重程度 |
|---|---|---|---|---|---|
| 13 | 三角梅 | 炭疽病 | *Colletotrichum* sp. | 叶 | + |
| | | 黑孢霉叶斑病 | *Nigrospora* sp. | 叶 | + |
| | | 煤烟病 | *Cladosporium* sp. | 叶 | + |
| | | 黄化病 | phytoplasma | 叶 | + |
| 14 | 龙船花 | 毛色二孢梢枯病 | *Lasiodiplodia hormozganensis* | 枝条 | ++ |
| | | 拟茎点霉梢枯病 | *Phomopsis* sp.（有性世代 *Diaporthe miriciae*） | 枝条 | |
| | | 炭疽病 | *Colletotrichum aeschynomenes* *C. gloeosporioides* | 叶 | ++ |
| | | 赤枯病 | *Neopestalotiopsis clavispora* | 叶、枝条 | + |
| | | 叶点霉叶斑病 | *Phyllosticta capitalensis* | 叶 | + |
| 15 | 鸡蛋花 | 锈病 | *Coleosporium plumierae* | 叶 | +++ |
| | | 炭疽病 | *Colletotrichum* sp. | 叶 | + |
| | | 煤烟病 | *Cladosporium* sp. | 叶 | + |
| 16 | 鸡冠刺桐 | 拟茎点霉叶斑病 | *Phomopsis limonicola*（有性世代为 *Diaporthe limonicola*） | 叶 | + |
| | | 炭疽病 | *Colletotrichum siamense* | 叶 | + |
| 17 | 降香黄檀 | 炭疽病 | *Colletotrichum* sp. | 叶 | + |
| | | 黑痣病 | *Phyllachora dalbergiicola* | 叶 | + |
| 18 | 绿萝 | 炭疽病 | *Colletotrichum gloeosporioides* | 叶 | + |
| | | 叶点霉叶斑病 | *Phyllosticta* sp.（有性世代为 *Guignardia* sp.） | 叶 | + |
| | | 腐皮壳叶斑病 | *Diaporthe* sp. | 叶 | + |
| 19 | 印度榕 | 炭疽病 | *Colletotrichum* sp. | 叶 | + |
| 20 | 黄金榕 | 叶斑病 | *Neofusicoccum parvum* | 叶 | + |
| 21 | 大叶榕 | 炭疽病 | *Colletotrichum* sp. | 叶 | + |
| | | 叶斑病 | *Phomopsis* sp. | 叶 | + |
| 22 | 笔管榕 | 炭疽病 | *Colletotrichum* sp. | 叶 | + |
| | | 叶斑病 | *Phomopsis* sp. | 叶 | + |
| 23 | 刺桐 | 炭疽病 | *Colletotrichum* sp. | 叶 | + |
| | | 叶点霉叶斑病 | *Phyllosticta* sp. | 叶 | + |
| 24 | 鹅掌柴 | 炭疽病 | *Colletotrichum* sp. | 叶 | + |
| 25 | 白兰 | 炭疽病 | *Colletotrichum* sp. | 叶 | + |
| 26 | 朱槿 | 炭疽病 | *Colletotrichum* sp. | 叶 | + |
| | | 叶斑病 | *Diaporthe* sp. | 叶 | + |
| 27 | 夹竹桃 | 灰星病 | *Cercospora* sp. | 叶 | + |
| 28 | 剑麻 | 炭疽病 | *Colletotrichum* sp. | 叶 | + |
| | | 叶斑病 | *Fusarium* sp. | 叶 | + |
| 29 | 合果芋 | 炭疽病 | *Colletotrichum* sp. | 叶 | + |
| 30 | 海芋 | 叶斑病 | *Curvularia* sp. *Alternaria* sp. | 叶 | + |
| 31 | 水鬼蕉 | 炭疽病 | *Colletotrichum* sp. | 叶 | + |
| | | 叶斑病 | *Phyllosticta* sp. *Mycoleptodiscus indicus* | 叶 | ++ |

（续）

| 序号 | 植物名称 | 病害名称 | 病原菌 | 危害部位 | 严重程度 |
|---|---|---|---|---|---|
| 32 | 旅人蕉 | 叶斑病 | *Fusarium solani* | 叶 | + |
| 33 | 琴叶珊瑚 | 煤烟病 | *Cladosporium* sp. | 叶 | + |
| 34 | 印度紫檀 | 煤烟病 | *Cladosporium* sp. | 叶 | + |
| 35 | 基及树 | 煤烟病 | *Cladosporium* sp. | 叶 | ++ |
| 36 | 小叶榄仁 | 叶斑病 | *Neofusicoccum* sp. | 叶 | + |
| 37 | 长春花 | 花叶病 | CMV、TSWV | 叶 | + |
| 38 | 苏铁 | 灰斑病 | *Epicoccum sorghinum* | 叶 | + |
| 38 | 苏铁 | 叶斑病 | *Phoma herbarum* *Lasiodiplodia theobromae* | 叶 | + |
| 39 | 龙血树 | 叶斑病 | *Lasiodiplodia theobromae* | 叶 | + |
| 40 | 朱蕉 | 叶斑病 | *Fusarium* sp. | 叶 | + |
| 41 | 大花紫薇 | 叶斑病 | *Phomopsis* sp. | 叶 | + |
| 42 | 变叶木 | 炭疽病 | *Colletotrichum* sp. | 叶 | ++ |
| 42 | 变叶木 | 叶斑病 | *Fusarium* sp. | 叶 | + |
| 43 | 鹤望兰 | 叶斑病 | *Diaporthe* sp. | 叶 | + |
| 44 | 秋枫 | 叶斑病 | *Phomopsis* sp. | 叶 | + |
| 45 | 花叶山菅兰 | 叶尖枯病 | *Phyllosticta capitalensis* *Botryosphaeria* sp. *Phomopsis* sp. | 叶 | + |
| 46 | 扇叶露兜树 | 叶尖枯病 | *Phomopsis* sp. | 叶 | + |
| 47 | 异叶南洋衫 | 枝枯病 | *Lasiodiplodia theobromae* | 枝 | + |
| 48 | 红车木 | 叶斑病 | *Nigrospora sphaerica* | 叶 | + |
| 49 | 兰屿肉桂 | 炭疽病 | *Colletotrichum* sp. | 叶 | + |
| 50 | 仙羽蔓绿绒 | 炭疽病 | *Colletotrichum* sp. | 叶 | + |
| 50 | 仙羽蔓绿绒 | 叶斑病 | *Diaporthe* sp. | 叶 | + |
| 51 | 竹 | 炭疽病 | *Colletotrichum* sp. | 叶 | +++ |
| 52 | 直立山牵牛 | 叶斑病 | *Phomopsis* sp. | 叶 | + |
| 53 | 椰子 | 灰斑病 | *Pestalotiopsis palmarum* | 叶 | +++ |
| 53 | 椰子 | 炭疽病 | *Colletotrichum gloeosporioides* | 叶 | + |
| 53 | 椰子 | 煤烟病 | *Cladosporium* sp. | 叶 | ++ |
| 54 | 鱼尾葵 | 炭疽病 | *Colletotrichum gloeosporioides* | 叶 | + |
| 54 | 鱼尾葵 | 灰斑病 | *Pestalotiopsis palmarum* | 叶 | ++ |
| 54 | 鱼尾葵 | 拟茎点褐纹斑病 | *Phomopsis* sp. | 叶 | + |
| 55 | 林刺葵 | 炭疽病 | *Colletotrichum gloeosporioides* | 叶 | + |
| 56 | 散尾葵 | 炭疽病 | *Colletotrichum gloeosporioides* | 叶 | + |
| 57 | 香蕉 | 黑星病 | *Macrophoma musae* | 叶 | ++ |
| 57 | 香蕉 | 炭疽病 | *Colletotrichum musae* | 叶 | + |
| 57 | 香蕉 | 叶斑病 | *Cercospora* sp. | 叶 | ++ |
| 58 | 芒果 | 炭疽病 | *Colletotrichum gloeosporioides* | 叶 | + |
| 59 | 荔枝 | 炭疽病 | *Colletotrichum gloeosporioides* | 叶 | + |
| 60 | 毛叶枣 | 煤烟病 | *Cladosporium* sp. | 叶 | + |
| 60 | 毛叶枣 | 炭疽病 | *Colletotrichum gloeosporioides* | 叶 | + |

（续）

| 序号 | 植物名称 | 病害名称 | 病原菌 | 危害部位 | 严重程度 |
|---|---|---|---|---|---|
| 61 | 番樱桃 | 煤烟病 | *Cladosporium* sp. | 叶 | + |
| 62 | 番木瓜 | 病毒病 | PRSV、PLDMV | 叶、果 | ++ |
| 63 | 莲雾 | 炭疽病 | *Colletotrichum* sp. | 叶 | + |
| | | 枝枯病 | *Diaporthe* sp. | 枝 | + |
| 64 | 辣椒 | 煤烟病 | *Cladosporium* sp. | 叶 | +++ |
| | | 病毒病 | CMV、TMV、PepMoV等, | 叶 | + |
| | | 根结线虫病 | *Meloidogyne* sp. | 根 | ++ |
| 65 | 番茄 | 煤烟病 | *Cladosporium* sp. | 叶 | +++ |
| | | 根结线虫病 | *Meloidogyne* sp. | 根 | ++ |
| 66 | 黄瓜 | 病毒病 | CMV | 叶 | + |
| | | 霜霉病 | *Pseudoperonospora cubensis* | 叶 | + |
| 67 | 丝瓜 | 病毒病 | CMV | 叶 | + |
| 68 | 蕹菜 | 病毒病 | CMV、TMV和BCTV | 叶 | +++ |
| 69 | 苋菜 | 叶斑病 | *Corynespora cassiicola* | 叶 | +++ |
| 70 | 鹿舌菜 | 煤烟病 | *Cladosporium* sp. | 叶 | +++ |

病害严重度等级：+，表示轻微，++表示中等，+++表示严重。

**图书在版编目（CIP）数据**

西沙群岛岛礁植物病害原色图谱．永兴岛卷/胡美姣等著．—北京：中国农业出版社，2021.12
ISBN 978-7-109-28878-2

Ⅰ．①西… Ⅱ．①胡… Ⅲ．①西沙群岛－野生植物－病害－图谱 Ⅳ．①S432-64

中国版本图书馆CIP数据核字(2021)第216198号

中国农业出版社出版
地址：北京市朝阳区麦子店街18号楼
邮编：100125
责任编辑：郭银巧　张　利
版式设计：杜　然　　责任校对：吴丽婷　　责任印制：王　宏
印刷：北京通州皇家印刷厂
版次：2021年12月第1版
印次：2021年12月北京第1次印刷
发行：新华书店北京发行所
开本：787mm×1092mm　1/16
印张：6.75
字数：180千字
定价：65.00元